KB248367

함수란 무엇인가

KANSU O KANGAERU
by Hiraku Toyama
©1972 by Hiraku Toyama, copyright renewed©2011 by Yuriko Toyama
Illustration copyright©Michinori Murata
First published 1972, the paperback edition published 2011
by Iwanami Shoten, Publishers, Tokyo.
This Korean language edition published 2013
by Solbitkil, Seoul
by arrangement with the proprietor c/o Iwanami Shoten, Publishers, Tokyo.

함수란 무엇인가

1판 1쇄 발행 2013년 11월 3일

저자 Hiraku Toyama
옮긴이 허명구

발행인 도영
디자인 구화정 page9
마케팅 김영란
편집 및 교정교열 김미숙

발행처 솔빛길 (등록 2012-000052)
주소 서울시 마포구 와우산로 12, 113(상수동, 제이캐슬레지던스)
전화 02)909-5517
팩스 02)6013-9348, 0505)300-9348
이메일 anemone70@hanmail.net

ISBN 978-89-98120-04-7 53410

책값은 뒤표지에 있습니다.

이 도서의 국립중앙도서관 출판시도서목록(CIP)은 서지정보유통지원시스템 홈페이지(http://seoji.nl.go.
kr)와 국가자료공동목록시스템(http://www.nl.go.kr/kolisnet)에서 이용하실 수 있습니다.
(CIP제어번호: CIP 2013021753)

함수란 무엇인가

함수를 쉽게 이해하고 싶은 중학생을 위하여

도야마 히라쿠 글 • 허명구 옮김

솔빛길

차례

이차함수

더 넓은 세계로

부록

함수의 정의

함수를 함수라고
부르는 이유

현진 얼마 전부터 수학이 어려워졌어요, 좀 가르쳐 주세요!

삼촌 너희들, 수학은 자신 있다고 하지 않았어?

규원 수나 도형은 초등학교 때 배운 거랑 비슷해서 문제가 없었는
데 함수가 나오면서부터 뭐가 뭔지 뒤죽박죽이 됐어요.

삼촌 함수를 잘 모르겠다고? 너무 걱정할 일은 아닌 것 같은데?

현진 왜요? 그걸 모르면 수학을 못 한다는데…….

삼촌 몰라도 된다는 말은 아니야. 하지만 너희만 어려워 하는 건
아니니 안심해.

규원 하지만 함수가 계속 나와서 그거 모르면 거기서부터 진도를
나갈 수가 없어요.

삼촌 수학을 몇 년씩 공부하고서도 마지막까지 함수가 뭔지 이해
하지 못한 상태로 졸업하는 사람이 얼마나 많은데.

현진 난 싫어요. 이해하지 못한 상태로 계속 진도를 나가는 건…….

규원 저도 싫어요. 어렵다고 하니까 더 알고 싶어요.

●●● 함수는 어떻게 생겨난 말일까?

삼촌 그래, 좋아. 그럼 한번 얘기해 보자. 먼저 함수라는 말이 어떻게 생겨난 말인지부터 알아볼까? 함수를 영어로 뭐라고 하는지 알아?

현진 수업 시간에 들었는데 까먹었어요.

규원 흠……. function(펑션)이었나?

삼촌 그래. 함수는 영어의 function을 번역한 거야. 프랑스어로는 fonction(퐁크시옹), 독일어로는 funktion(푼크치온)이라고 해. 조금씩 비슷하지? 서로 어원이 같기 때문이야. 거기 있는 영어사전에서 function을 찾아 봐.

규원 으음, 여러 가지 뜻이 있어요. 기능, 역할, 직무, 임무…….

function

명 ❶기능, 작용, 목적, 구실, ❷직능, 직분, 역할 ❸(사회적 · 종교적인) 의식(儀式), 제전(祭典), 행사. ❹상관관계, 상관적 함수.
동 기능(직분)을 다하다. 구실을 하다. (기계 따위가)작동하다.

삼촌	처음 나오는 뜻이 '기능'일 거야. 기능이란 뭘까?
현진	글쎄요, 으응, '역할'이라고나 할까요?
삼촌	'기능'이라는 말을 넣어 문장을 만들어봐.
규원	"위의 기능은 소화이다." 이건 어때요?
삼촌	좋아.
현진	"달러는 세계 통화로서의 기능을 잃어가고 있다."
삼촌	제법 중요한 걸 알고 있네.
현진	신문에서 읽은 적이 있어요.
삼촌	function은 우리말로 기능, 또는 역할이란 뜻이야.
현진	그렇다면 수학에서도 function을 '기능'이라고 번역하면 될 걸, 왜 '함수'라는 낯선 단어를 썼을까요?
삼촌	거기에는 사연이 있어. 함수는 유럽의 수학자들이 먼저 생각한 개념인데, 중국을 거쳐서 우리나라로 전달되었거든. 그러다 보니 중간에 중국어로 번역된 것을 우리가 다시 번역하게 되었지. 그러면서 function이 '함수'라고 번역된 거야.
현진	그럼 중국에서는 function을 왜 '함수'라고 했을까요?
삼촌	중국어 발음으로 function과 제일 비슷한 말이 '함수'였던 모양이야. 중국 사람들은 외래어를 자기네 나라말로 옮길 때 가장 비슷한 발음과 의미를 가진 한자를 쓰거든. 중국어로는 함수를 '휜-슈'라고 발음해. function(펑션)이랑 발음이 비슷하지? 게다가 함수의 한자는 '담을 함'을 써서 函數이기 때문에

'담는 수'라는 뜻이 돼서 원래 function과 뜻도 비슷하고 발음도 비슷한 중국식 이름이 된 거야.

규원 하지만 우린 '함수'라고 하면 얼른 알아들을 수가 없어요.

현진 왜 이렇게 알아듣지 못할 용어를 쓰는 걸까요?

삼촌 그러게 말이다. '기능'도 있고 '역할'도 있는데 하필이면 알아듣기 어려운 '함수'라는 말을 쓴 건 좀 그렇지? 이런 특별한 용어를 사용하기 때문에 수학이 보통 사람과 거리가 먼 도사들의 학문처럼 보이는 것 같아.

규원 하지만 너무 일반적인 단어를 쓰면 혼동할 염려가 있어서 그런 게 아닐까요?

삼촌 괜한 걱정 같은데? 말이라는 건 사용되는 상황에 따라 어떤 뜻인지 자연스럽게 이해할 수 있는 게 아닐까?

규원 맞아요. 단어 하나에도 전혀 다른 몇 가지 뜻이 있는 경우들이 있어요.

현진 영어에서도 'bat(배트)'는 '방망이'라는 뜻과 '박쥐'라는 뜻이 있지만 그 단어를 사용하는 상황이 다르기 때문에 혼동되지 않아.

규원 그러면 일반 책에서 function이 나오면 '기능'이나 '역할'이라는 뜻으로 보고, 수학책에 function이 나오면 '함수'라고 보면 되겠네요.

삼촌 맞아. 그러니까 잘 구별해서 쓰면 되는 거야.

현진　영어에서는 일상어와 학문용어 사이에 벽이 없다고 할 수 있나요?

삼촌　대부분 그렇다고 할 수 있겠지. 그건 프랑스어나 독일어나 마찬가지야.

●●● 라이프니츠, 처음으로 function을 쓰다

규원　그럼 수학에서 function이라는 용어를 처음 쓴 사람이 누구예요?

삼촌　라이프니츠야. 라이프니츠에 대해 들어본 적 있니?

규원　독일의 학자라는 것 밖에 몰라요.

삼촌　맞아. 라이프니츠는 뉴턴(1642~1727)과 동시에 미분·적분을 발명한 사람이야. 계산기를 처음으로 만든 사람이기도 하고. 물론 라이프니츠 시대에는 전기라는 것이 없었기 때문에 요즘 같은 전자계산기는 아니었어. 손으로 돌려서 하는 계산기였지.

현진　뭐든지 잘했던 사람이었나봐요.

삼촌　그뿐 아니라 여러 분야에서 많은 업적을 이룬 사람이지.

규원　하지만, 이것저것 뭐든지 하려고 들었다간 아무것도 제대로 할 수 없다고 엄마가 그랬는데…….

삼촌　하하. 그건 하나라도 집중해서 제대로 해보라는 뜻에서 하신

말씀일거야. 이것저것 손을 대다 보면 어느 한 가지도 못 건지고 끝나는 경우가 많기 때문이지. 그러나 라이프니츠는 그렇지 않았어. 수학도 최고, 철학도 최고였어. 라이프니츠의 직업이 뭔지 알아? 외교관이었어. 동시에 도서관장이기도 했어.

라이프니츠(1646~1716)

현진 와, 정말 대단한 능력자였네요.

삼촌 가끔 그렇게 뭐든지 잘하는 천재가 나타나는 일이 있단다. 라이프니츠는 그런 만능 천재 중 한 사람이야.

규원 그러니까 function이라는 말은 라이프니츠가 처음 사용했다는 거예요?

삼촌 응, 라이프니츠가 1694년에 라틴어로 쓴 논문에 functiones(훈크티오네스)라는 말이 나와. 이건 functio(훈크티오)의 어미가 변한 거야. functio는 영어의 function에 해당하는 라틴어고.

현진 라이프니츠는 왜 함수라는 개념을 생각해낸 걸까요?

삼촌 운동하거나 변화하는 현상들을 수학적으로 표현하고 싶어했거든. 그 당시 라이프니츠에게 함수란 "연속으로 변하는 것"을 의미했어. 물론 라이프니츠 이후로 함수의 개념은 수정되고, 추가되면서 더 발전하게 되지만 말야.

현진   그러면 라이프니츠 이전에는 함수라는 개념이 없었어요?

삼촌   무슨 소리! 함수는 아주 오래전부터 있었지. 단지 함수라는 개념이 라이프니츠로부터 시작되었을 뿐이야.

규원   그건 무슨 소리예요? 조금 더 자세히 설명해 주세요.

삼촌   글쎄다, 어떤 예를 들면 알아들으려나? 예를 들면 '포유류'라는 단어를 보자. 포유류라는 단어나 개념은 옛날에 없었어. 포유류라는 단어는 근대 생물학이 만들어낸 거니까. 하지만 소, 말, 개 같은 포유류 자체는 몇백만 년 전부터 있었지. 그거랑 똑같은 거야.

함수는 검은 상자다

● ● ● 함수는 로봇이다

현진　함수라는 용어의 역사는 알겠는데요, 그럼 도대체 함수는 뭐예요?

규원　function, 다시 말해 기능이라고 하지만 이 말만 갖고는 뭔지 모르겠어요.

삼촌　대부분 그럴 거야. 그럼 먼저 수학과 직접 관계가 없는 이야기부터 시작하마. 너희는 로봇이 뭔지 알고 있겠지?

현진　그건 초등학생도 알아요. 정해진 어떤 일을 하는 기계잖아요.

삼촌　'기능'이라는 말을 써서 로봇을 설명해 봐.

규원　'어떤 일정한 기능을 가진 기계이다.' 어때요?

삼촌　그것도 괜찮네.

현진　외부로부터 어떤 자극이 오면 그에 대응해서 정해진 기능을 하는 기계잖아요.

삼촌   그래. 로봇은 외부로부터 어떤 지시나 자극을 받아 정해진 기
       능을 하는 장치라고 할 수 있어. 그림으로 그리면 이런 모양
       이 되겠지. 주크박스도 돈을 넣고 좋아하는 곡의 단추를 누
       르면 음악이 나오니까 로봇이라고 할 수 있어.

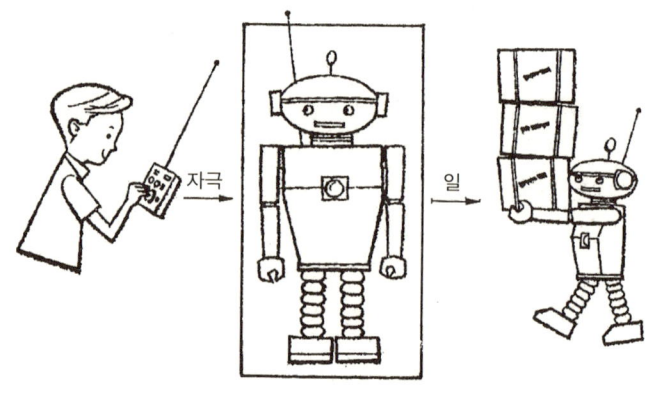

현진   아, 좀 더 간단한 로봇이 있어요. 기차표 자동판매기 같은 것
       도 로봇이라고 할 수 있지 않을까요?

규원   그렇다면 껌이나 음료수 자동판매기도 로봇이겠네. 넣은 돈
       은 외부에서 들어온 자극이고 그 자극이 원인이 되어 껌이나
       음료수라는 결과를 내놓는 거니까.

삼촌   맞아. 지금 규원이는 자기도 모르는 사이에 ‘원인’과 ‘결과’
       라는 말을 사용했어. 그게 중요한 거야. 그러니까 로봇은 ‘일

정한 원인이 있으면 일정한 결과를 만들어내는 기능을 하는 장치'라고 할 수 있겠지.

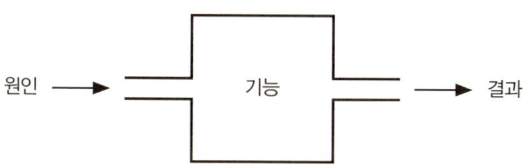

현진 자동판매기로 말하자면 돈과 버튼이 원인이고 튀어나오는 기차표나 껌, 음료수가 결과가 되는 거네요.

삼촌 그렇지. 전에는 사람이 직접 팔던 것을 로봇이나 자동판매기가 팔게 되었는데, 무엇이 다를까?

규원 정해진 기능을 한다는 점에서 똑같은 것 같은데요?

현진 그래도 달라. 사람은 융통성이 있지만 로봇은 융통성이 없어. 정해진 대로만 작동하지.

규원 맞아요. 기차역에서 사람이 표를 팔면 수표를 내도 거스름돈을 주지만 자동판매기는 가끔 수표를 받아주지 않아서 못 사요.

현진 시간이 아슬아슬해서 기차를 놓칠 것 같을 때도, 사람이라면 융통성을 발휘해서 일단 타고나서 승무원한테 표를 사는 게 낫겠다고 말해주지만 기계는 융통성이 없어서 그렇게 해주지 못해요.

규원 하지만 기계는 실수를 하지 않아요. 고지식할 정도로 정직한 대신.

삼촌 맞아. 다시 말해 로봇은 고지식해서 융통성이 없는 대신 실수도 하지 않지.

현진 친절하거나 퉁명스럽거나 하지 않기 때문에 오히려 편한 점도 있어요.

규원 맞아, 참! 생각났어요. 예전에 가족들끼리 여행을 갔을 때 식당에 청주를 따뜻하게 데워주는 자동판매기가 있었어요. 돈을 넣으면 따뜻하게 데워진 술이 컵에 담겨나오는 거요. 술 좋아하시는 삼촌한테 그걸 선물로 사다드리고 싶었어요.

삼촌 생각해줘서 고맙구나. 하지만 난 시원한 맥주를 더 좋아한단다. 자, 다시 로봇 이야기로 돌아가볼까? 로봇은 사람처럼 자유롭게 생각하고 선택하는 능력이 없지만 정해진 기능만큼은 고지식하게 완수하지. 그러니까 '저 사람은 누구누구의 로봇이야'라는 말은, 남의 말을 고지식하게 따르느라, 자기 생각이 없는 인간이라고 무시할 때 쓰는 표현이야. 인간이 로봇이어서는 곤란하지만 기계는 고지식하지 않으면 곤란해. 기계가 섣불리 융통성을 발휘하거나 이상한 배려를 해서는 곤란하니까. 기계를 다루는 공학 전문가들은 무엇인가 입력하면 그에 맞게 출력하는 장치를 '블랙 박스'라고 한단다.

●●● 함수는 검은 상자다

규원　우리나라 말로 하면 '검은 상자'가 되겠네요?

삼촌　맞아. 그림으로 그리면 이런 거야.

　　　어떤 원인이 상자에 들어오면 거기서 일정한 과정을 거쳐 일
　　　정한 결과로 밀려나오지. 들어오는 원인을 '입력'이라고 하
　　　고 나오는 결과를 '출력'이라고 해.

현진　그럼 기차표 자동판매기에서는 돈이 입력, 승차권이 출력이
　　　되는 거네요.

삼촌　맞아. 영어로는 입력을 input(인풋), 출력을 output(아웃풋)이
　　　라고 한단다.

규원　그런데 왜 검은 상자라고 불러요?

삼촌　왜 상자라고 하는지는 알겠니?

현진　뭔가 집어 넣는다는 느낌 때문에 상자라고 한 것 같아요.

규원　그럼 왜 '검은' 상자라고 했을까요?

삼촌　안에 들어 있는 장치가 어떻게 작용하는지 몰라도 되기 때문
　　　이 아닐까?

규원	'사건은 검은 베일에 싸여 있다'고 할 때 느낌과 비슷하네?
삼촌	맞아. 검으니까 속을 알기 힘들다는 거지.
규원	사실 자동판매기 안의 장치가 어떻게 작동하는지 손님은 몰라도 돼요. 손님은 돈을 넣으면 표가 나온다는 것만 알고 있으면 되니까…….
현진	하지만 역무원은 내부 장치가 어떻게 작동하는지 알고 있어야 하잖아요. 고장이 났을 때 수리를 해야 하니까…….
삼촌	다들 '검은 상자'의 의미를 정확히 이해한 것 같구나. '내부의 장치를 몰라도 되는 상자'라는 의미를 갖고 있어.
규원	그러면 내부 장치를 알고 있어도 '검은 상자'라고 할 수 있어요?
삼촌	그럼. 내부 장치를 알고 있는 기차역의 기계 담당자에게도 기차표 자동판매기는 역시 '검은 상자'라고 할 수 있지. 중간 과정이야 어떻든, 무엇을 넣어서 무언가를 결과물로 낼 수 있는 장치라면 모두 '검은 상자'야.
규원	그러면 운수 제비뽑기 같은 상자도 검은 상자인가요?
삼촌	하하하, 재미있는 생각인데? 그것도 검은 상자인지 아닌지 생각해봐.
규원	아무래도 검은 상자 같아요. 내부 장치를 알 수 없으니까.
현진	내부 장치를 모른다는 점에서 검은 상자 같지만, 뭐가 출력이 될 지 예측할 수 없다는 점에서 검은 상자라고 하긴 힘들

어요. 좋은 패가 나올지 나쁜 패가 나올지 모르니까.

삼촌 검은 상자는 내부 장치를 몰라도 무엇이 나올지는 미리 알고
있어야 했지?

현진 그렇다면 운수 제비뽑기 상자는 검은 상자가 아니네요. 뽑는
사람은 결과를 미리 알 수가 없으니까…….

규원 그건 하늘이 내리는 운이겠지.

현진 거기서 운이 왜 나오냐? 우리는 지금 과학을 이야기하고 있
는데.

삼촌 말대로 운수 제비뽑기 상자는 검은 상자가 아닌 것 같구나.

규원 그럼 삼촌, 입력과 출력이 두 개씩일 수도 있어요? 거스름돈
이 나오는 기차표 자동판매기는 돈을 넣고 버튼을 누르니까
입력은 두 개라고 생각해야 하는 건가요?

삼촌 맞아.

현진 그렇다면 표와 거스름돈이 나오는 거니까 출력도 역시 두 개
라고 생각해야겠네요.

삼촌 그래. 나올 때는 표와 거스름돈이 같은 출구에서 나오지만 상
자 안에서는 다른 출구에서 나올 거야. 그렇게 생각하면 출력
도 두 개라고 생각하는 게 맞겠구나.

규원 그럼 이런 경우는 '검은 상자'를 이렇게 그릴 수 있겠네요.

현진　입력과 출력이 각각 두 개씩 있어도 된다면 입력과 출력이 더 많을 때는 어떻게 돼요?

삼촌　입력 출력 모두 여러 개 있어도 아무 문제없어. 그림으로 그리면 이렇게 되지.

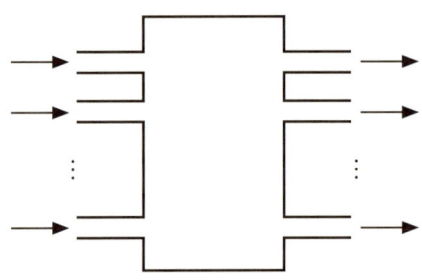

대부분의 기계는 버튼과 핸들이 많이 있기 때문에 모두 일종의 검은 상자라고 할 수 있어.

현진　기계라는 건 뭔가가 들어가고 뭔가가 나오는 거니까요.

규원　그렇게 생각하면 우리 주변에는 검은 상자가 아주 많다고 할 수 있는 거네요. 텔레비전도 라디오도 모두 검은 상자라고 생각할 수 있잖아요.

삼촌　검은 상자의 의미를 대충 이해한 것 같구나. 그럼 이제 본격 적으로 함수 이야기로 들어가볼까?

1. 주변에서 '검은 상자'의 예를 찾아보시오.
2. '검은 상자'가 무엇인지 친구들에게 설명해보시오.

함수를 보려면
마음의 눈이 필요해

● ● ● 내 머릿속의 검은 상자

현진   삼촌, 그러면 함수도 검은 상자예요?

삼촌   그렇게 생각해도 돼. 말하자면 함수는 머릿속에서 생각한 검은 상자라고 할 수 있지.

규원   상자가 실제로 없어도 되겠네요? 머릿속에서 생각할 수만 있다면…….

현진   그렇다면 보통 검은 상자보다 넣을 수 있는 것들의 범위가 넓겠네요?

삼촌   그래, 맞아. 물건 대신 우리가 머릿속에서 생각한 '개념'을 입력하고 출력하게 되는 거지. 수학을 예로 들면

'어떤 수 x를 2배하여 y를 만든다.'

라는 기능을 하는 검은 상자를 상상해보자. 식으로 표현하면

$$2 \times x = y$$

가 되는데 이때 '를 2배한다'는 하나의 함수야.

규원 문법으로 치면 동사 같은 거네요.

현진 x는 목적어에 해당하고 '를 2배한다'는 동사가 되는 건가요?

삼촌 그렇게 말할 수 있지. 이렇게 쓰면 더 확실하지.

$$2 \times (x) = y$$

'( )를 2배한다'는 '$2 \times ($ $)$'라고 쓰면 잘 알겠지. 다시 말해 '$2 \times ($ $)$'는 괄호 안에 들어오는 수를 두 배로 만드는 기능을 하지.

현진 2와 $2 \times ($ $)$는 다르네요. 2는 그냥 '수'이지만 '$2 \times ($ $)$'는 '를 2배한다'라는 서술어인 것처럼요.

규원 '$2 \times (x) = y$'는, 'x에 $2 \times ($ $)$가 작용하여 y가 나왔다'라는 거겠네요.

삼촌 그렇지! 머릿속에서 상상한 검은 상자를 그림으로 그리면 이런 모양이 될 거야.

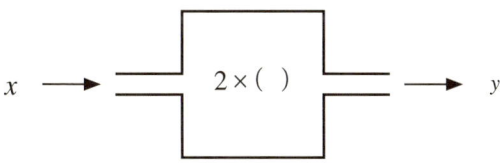

• • • 내 머릿속의 투명 상자

규원 조금은 알 것 같아요. 다른 것도 해 봐요.

삼촌 '를 제곱한다'라는 기능은 어떻게 표현할 수 있을까? ( )²이
라고 쓰면 되겠지?

$$(x)^2 = y$$

라고 쓰면 x라는 목적어에 '( )를 제곱한다'는 동사가 작용
하여 그 결과 y가 만들어진다는 의미가 되지.

규원 그림으로 이렇게 그릴 수 있겠네요.

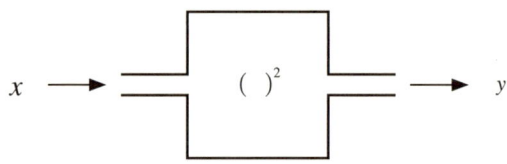

삼촌 잘 하는데?

규원 삼촌, 그런데 내부 장치가 보이지 않아서 '검은 상자'라고 한
다면 머릿속에서 상상하는 경우에는, 상자 자체가 보이지 않
아도 되니까 '투명 상자'라고 할 수 있지 않아요?

삼촌 하하, 그거 괜찮은 이름이구나. 여기서 그냥

$$x^2 = y$$

라고 쓰기만 했다면 그건 좌변과 우변이 똑같다는 것을 표시
하는 등식에 지나지 않아. 그런데 이 식을 '굳이'

$$(x)^2 = y$$

라고 다시 쓰고, ( )²이라는 투명 상자에 입력 x가 들어가서 그 결과로 출력 y가 나온다고 생각해보자. 이게 함수야.

현진 왜 '굳이'라는 거예요?

삼촌 그건 이렇게

$$x^2 = y$$

라는 식은 단순한 등식이라 딱히 '함수'나 '검은 상자'라는 개념이 필요 없어. 그런데 이걸 함수라고 생각하는 순간 x^2을 굳이 ( )²과 x로 나누어 생각하면서 식을 새롭게 볼 수 있게 되지.

$$x^2 \rightarrow \begin{cases} (\ )^2 \\ x \end{cases}$$

현진 뭐야? 별거 아니잖아요?

삼촌 사실 별거 아니라면 별거 아닌 거지. 하지만 ( )²이라는 작용, 혹은 기능을 $x^2 = y$라는 식에서 분리해내어 따로 생각해 보는 것은 그렇게 쉽지 않은 일이라고 할 수 있어. 그러한 작용 혹은 기능은 눈에 보이는 것이 아니니까.

규원 그러니까 ( )²은 눈에 보이지 않는 투명 상자라는 거네요.

현진 예전에 '투명인간'이라는 영화를 본 적 있어요. 어떤 사람이 어떤 약을 먹고 몸이 투명해져서 다른 사람한테 보이지 않게 되는 내용이었어요.

삼촌   재미있는 영화였지. 그런데 투명인간이 일하는 모습은 보이지 않지만 일한 결과는 눈에 보여. 그래서 투명인간이라 해도 가만히 상상을 해보면 어디쯤으로 가서 어떤 동작을 하고 있는지 짐작할 수 있어.

규원   그러니까 투명인간은 육안으로는 보이지 않지만 머릿속 눈으로는 보인다는 이야기네요.

삼촌   그런 걸 심안이라고 하는 거야. 마음의 눈.

현진   ( )²은 육안으로는 보이지 않지만 심안으로는 보인다는 거네요.

삼촌   함수는 심안으로 봐야 하기 때문에 그런 의미에서 어렵다고 할 수 있지.

규원　그 심안을 처음 뜬 사람이 라이프니츠였다는 이야긴가요?

삼촌　그렇다고 할 수 있겠구나. 함수라는 개념은 300년 전까지 아무도 깨닫지 못했던 것이니까.

함수를 표현하는 방법

삼촌　함수가 뭔지 대충 알았을 거야. 다음은 함수의 기호에 대해 이야기해줄게.

라이프니츠는 처음에 함수를

$$\boxed{x}\boxed{1}, \boxed{x}\boxed{2}, \cdots$$

라는 기호로 나타냈어. 이것은 첫째 함수, 둘째 함수, ……라는 의미였어.

그러다가 라이프니츠 뒤에 나온 오일러라는 수학자가 오늘날에도 사용하는

$$f(x)$$

라는 기호를 처음 사용하기 시작했지.

오일러(1707~1783)

검은 상자의 그림으로 나타내면 이렇게 되는 거야.

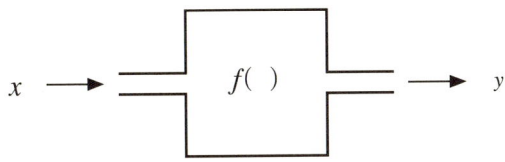

현진   다시 말해 $f(\ )$라는 검은 상자에 x를 입력하면,

$$f(x) = y$$

y가 출력된다는 거네요.

규원 f는 function의 머리글자를 딴 건가요?

삼촌   맞아. 보통은 f를 사용하지만 필요에 따라 다른 글자를 붙여도 돼. 다시 말해

$$f(\ ),\ g(\ ),\ F(\ ),\ P(\ ),\ \cdots$$

등으로 사용해도 전혀 문제 없어.

현진   우리말에서는 'x를 두 배한다'에서 목적어 'x'를 먼저 쓰고 서술어 '를 두 배한다'를 뒤에 쓰잖아요. 그러니까 $(x)f$라고 쓰는 게 더 나았을텐데……

규원   그렇지만 이건 유럽에서 생겨난 개념이라서 유럽의 어순을 따라한 것 같아. 예를 들어 영어에서 'open the door'는 동사 open을 앞에 쓰고 목적어는 뒤에 쓰잖아. 그렇게 생각하면

$$f(x)$$

가 이해가 되는 걸.

현진   그러니까 $f(x)$는 영어식이네요.

삼촌   그건 그래.

규원   우리 같으면 $(x)f$라고 쓸 텐데요.

삼촌   지금의 수학은 유감스럽게도 유럽인들이 만든 거라서 기호도 그들의 방식으로 되어 있어. 이건 어쩔 수 없는 일이야. 그걸 알고 기호를 사용해야겠지.

현진 $f(\ )$의 $(\ )$는 입력이 들어가는 입구라고 생각하면 되겠네요.

삼촌   처음에는 그렇게 생각하면 이해하기 쉬울 거야.

규원   같은 함수라 해도 $2 \times (\ )$와 $(\ )^2$은 장치가 다르잖아요. 그걸 같은 $f(\ )$로 나타내면 헷갈리지 않을까요? $f(\ ) = 2 \times (\ )$, $f(\ ) = (\ )^2$이라고 한다면 결국 $2 \times (\ ) = (\ )^2$이 되어버리잖아요.

삼촌   맞아. 함수를 모두 똑같이 $f(\ )$라고 써야 하는 건 아니야. $2 \times (\ )$를 $f(\ )$로 쓰면, $(\ )^2$은 $f(\ )$와는 다른 기호를 사용해야 해.

규원   알파벳에서 f 다음에 오는 g를 사용해도 되나요?

삼촌   물론 그래도 돼.

규원   그럼 이렇게 하면 되겠어요.

$$f(\ ) = 2 \times (\ )$$
$$g(\ ) = (\ )^2$$

삼촌 수학은 기호를 많이 사용하는 학문이지만 그 사용 방식은 아
     주 자유롭지. 하지만 딱 한 가지 알아둬야 할 약속이 있어.

                   "다른 건 다른 기호로 나타낸다."

현진 그렇게 하지 않으면 혼동되기 때문인가요?

규원 사람들 중에는 동명이인이 몇 명씩 있지만 수학은 그러면 안
     된다는 거네요. 그럼 "똑같은 건 똑같은 기호로 나타낸다"라
     는 약속도 있나요?

삼촌 글쎄다. 어떨 것 같아? 생각해 봐.

현진 그건 아닐 것 같아요. 보세요, 0.5와 $\frac{1}{2}$은 같지만 다른 표시
     방식을 쓰고 있잖아요.

규원 그러네. $1\frac{2}{3}$이랑 $\frac{5}{3}$도 같지만 다른 기호로 나타낸 거네.

현진 알겠다. 그렇다면 다른 기호로 표시된 것이 똑같을 때 = 이
     라는 등호가 사용되는 거군요. 이런 식으로 말이에요.

$$0.5 = \frac{1}{2}$$
$$1\frac{2}{3} = \frac{5}{3}$$

규원 등호의 좌변과 우변은 표현 방식이 다르기 때문에 의미가 있
     는 거네요. 표현 방식까지 똑같은 것은 '같다'고 할 필요조차
     없으니까요.

$$0.5 = 0.5$$
$$1\frac{2}{3} = 1\frac{2}{3}$$

이렇게 쓰면 너무 당연하고 바보 같잖아요.

삼촌 그래. 등호의 좌변과 우변은 "어딘가 달라보이지만 사실 같다"는 의미라고 볼 수 있어.

이것도 **함수**일까, 저것도 **함수**일까?

● ● ● **약수의 개수를 구하시오**

삼촌 함수는 매우 넓은 의미를 갖고 있어. 이번에는 색깔이 조금 다른 함수에 대해 생각해볼까? 예를 들면 어떤 자연수, 다른 말로 양의 정수를 x라고 하자. 그리고 x의 양의 약수의 개수를 $d(x)$라고 하자. 이것을 검은 상자로 그려보면 이렇게 되겠지.

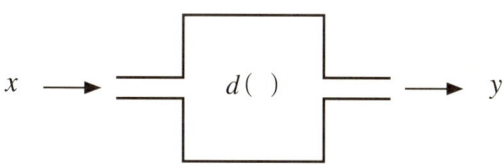

현진 다시 말해 $d($ $)$는 '( )의 약수의 개수'라는 의미네요.

규원 ( )에 들어온 양의 정수에 대해 "약수의 개수를 구하라"라고
지시를 하는 거예요.

삼촌 맞아. 그럼 x가 1부터 20까지 변할 때 $d(x)$의 값을 계산해봐.

히로 $x = 1$일 때는 1의 약수가 1 밖에 없으니까

$$d(1) = 1$$

이렇게 하면 되나요?

삼촌 맞아, $x = 2$일 때는?

규원 2의 약수는

$$\{1, 2\}$$

그러니까 개수는 2, 따라서

$$d(2) = 2$$

가 되겠죠.

현진 $x = 3$이라면 약수는

$$\{1, 3\}$$

으로 개수는 역시 2니까 이렇게 돼요.

$$d(3) = 2$$

규원　　$x = 4$라면 약수는

$$\{1, 2, 4\}$$

그러니까 개수는 3, 따라서

$$d(4) = 3$$

이 돼요.

삼촌　　좋아. 그렇게 해서 $x = 20$까지 $d(x)$의 값을 쭈욱 구해보렴.

히로　　전부 나열해볼게요.

x	1	2	3	4	5	6	7	8	9	10
$d(x)$	1	2	2	3	2	4	2	4	3	4

x	11	12	13	14	15	16	17	18	19	20
$d(x)$	2	6	2	4	4	5	2	6	2	6

삼촌　　이번에는 $x = 21$에서 $x = 30$까지 $d(x)$를 구해보렴.

규원　　점점 어려워져요.

x	21	22	23	24	25	26	27	28	29	30
$d(x)$	4	4	2	8	3	4	4	6	2	8

삼촌　　1보다 크면서 약수가 2개인 수를 소수라고 하는데 여기서도 $d(x)$를 보면 소수를 찾을 수 있어.

현진 $d(x) = 2$인 x들을 찾으면 되겠네요. 2, 3, 5, 7, 11, ⋯ 엄청 많

　　네요.

삼촌   이걸 그래프로 그리면 드문드문 흩어진 점이 되지.

규원   그려보니까 이렇게 되어요.

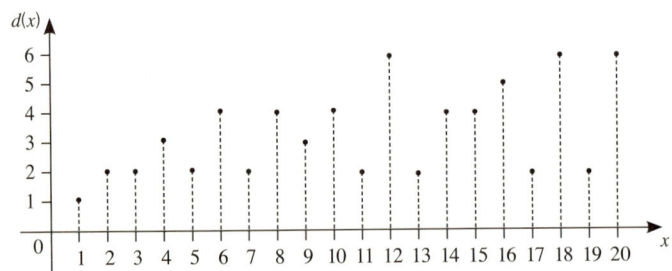

현진   보세요, $d(x)$의 결과가 아주 불규칙해요. 여기 보면, x가 12

　　일 때 $d(12) = 6$인데 바로 뒤 x가 13일 때는 $d(13) = 2$로 뚝

　　떨어져요.

삼촌   하지만 그것도 함수의 일종에는 틀림이 없어.

●●●   **가우스 기호로 값을 구하시오**

삼촌   또 한 가지 예를 들어보마. 우선 x를 양의 실수라고 하자.

현진   실수가 뭐였더라?

규원   수직선 위에 점으로 표시되는 수잖아.

삼촌　깊게 들어가면 여러 가지 어려운 게 있지만 알기 쉽게 말하면 그 말도 맞아. 어쨌든 이런 함수가 있다고 해보자.

"x보다 크지 않은 정수 중에서 가장 큰 정수를 기호 [ ]를 이용하여 [x]라고 한다."

현진　조금 복잡해지네요. 예를 들면 $x = 5.3$일때 x보다 크지 않은 정수들은

$$0, 1, 2, 3, 4, 5$$

이 있겠네요.

규원　아니지. 정수라고 했으니 음수도 들어가니까

$$\cdots, -3, -2, -1$$

도 포함돼. 5.3을 수직선에 표시해보면 이해하기 쉬울거야.

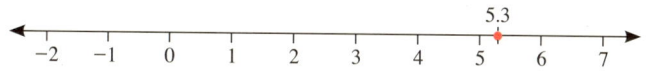

현진　그렇구나! 그러면 $x = 5.3$보다 크지 않은 정수는

$$\cdots, -3, -2, -1, 0, 1, 2, 3, 4, 5$$

이겠네요.

규원　무한히 많아요.

삼촌　그중에서 가장 큰 수는 뭐지?

규원　5요.

현진 그러니까

$$[5.3] = 5$$

가 정답이네요.

삼촌 그럼 [−2.7]은 어떻게 될까?

규원 $x = -2.7$보다 크지 않은 정수들을 적어 볼게요.

$$\cdots, -5, -4, -3$$

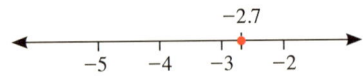

현진 물론 무한히 있어요.

규원 왼쪽의 음수들은 끝없이 계속되겠지요.

삼촌 그중에서 가장 큰 것은?

규원 −3이에요.

현진 그렇다면 답은 이거예요.

$$[-2.7] = -3$$

삼촌 그럼 x가 정수라면 [x]는 어떻게 될까?

규원 흠, 예를 들어 $x = 5$라면, x보다 크지 않은 정수는 이렇게 되
니까……

$$\cdots, -2, -1, 0, 1, 2, 3, 4, 5$$

현진 5도 들어가네요. 5는 5보다 큰 수는 아니니까……

규원   앗, 그러면 결국 5보다 크지 않은 정수 중에서 가장 큰 정수
는 다름 아닌 5 자신이에요.

$$[5] = 5$$

삼촌   다시 말해 x가 정수라면 $[x] = x$가 된다는 거로구나.

규원   네. 그런데 삼촌, "$[x]$는 x의 함수이다"라고 말할 수 있는 걸
까요?

삼촌 x만 정해지면 언제라도 $[x]$는 하나로 결정되니까 역시 함수
의 일종임에는 틀림없어. 그러니까 $[x] = f(x)$라고 쓸 수 있
지. 그것을 그래프로 그리면 이런 모양이 되지.

생각해보렴, x가 정수일때, 1보다 작은 양수를 더해도 [ ] 결
과는 x잖아. 그래프를 보면 더 이해하기 쉬울 거야.

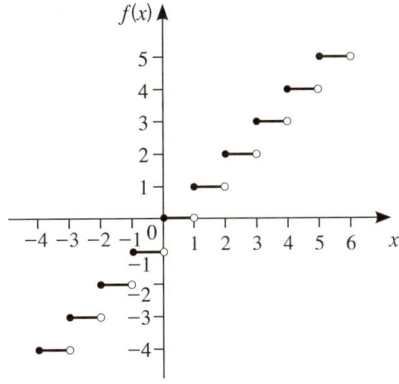

규원   그래프가 계단 모양이네요.

삼촌	이런 기능을 하는 [ ]를 '가우스의 기호'라고 한단다. 그런데 가우스라는 이름은 들어본 적 있니?

가우스

삼촌	이런 기능을 하는 [ ]를 '가우스의 기호'라고 한단다. 그런데 가우스라는 이름은 들어본 적 있니?
규원	어디선가 들어본 적 있는데, 잘 몰라요. 어떤 사람이었어요?
삼촌	역사가 시작된 이후 위대한 수학자를 세 사람만 꼽아보라면 누구나 이렇게 대답할 거야. 아르키메데스(기원전 약 287~기원전 212), 뉴턴(1642~1727), 가우스(1777~1855).
현진	아르키메데스와 뉴턴은 아는데 가우스라는 이름은 처음 들어요.
삼촌	그 두 사람 이후에 나온 세 번째 대수학자야.
현진	그래프라고 하면 다 이어져 있는 줄 알았는데 이 [x]는 x가 정수가 되는 곳에서 딱 끊어져 계단이 만들어지네요.
삼촌	계단이 있어도 그래프라는 점에는 변함이 없어. 자, 이제는 100을 7로 나눠볼래?
현진	그거야 간단하지요. 몫은 14고 나머지가 2예요.

$$7\overline{)100} \quad 14 \cdots 2$$

삼촌	식으로 쓰면 어떻게 될까?

현진　$100 \div 7 = \dfrac{100}{7} = 14\dfrac{2}{7}$ 예요.

삼촌　그러면 100을 7로 나눈 몫 14를 [ ]로 표현할 수 있을까?

규원　$\dfrac{2}{7}$ 는 1보다 작은 수니까

$$\left[\frac{100}{7}\right] = 14$$

이렇게 쓸 수 있겠네요!

삼촌　맞아! 자, 이제 [ ]는 나눗셈에서 몫을 표시해주는 기능을 한

다는 걸 알 수 있겠지?

1. $1275 \div 7,\ 534 \div 13,\ 614 \div 15$ 의 몫을 [ ]를 사용해 표시하라.

●●● **x를 그대로 두시오**

현진
$$y = f(x) = x$$

이것도 함수라고 할 수 있나요? 이것은 x를 넣으면 그대로

x가 나오는 건데요.

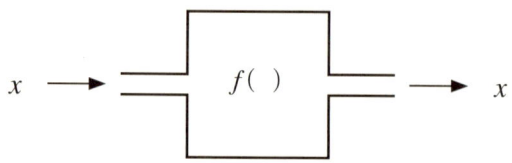

규원 입력이 그대로 출력이 되어 나와요. 투명유리처럼.

삼촌 조금 이상하긴 하지만 이것도 역시 틀림없는 함수야.

$$f(\ ) = (\ )$$

라는 얘긴데, 이것을

$$f(\ ) = 1 \times (\ )$$

라고 생각하면 어떨까? ( )에 아무 작용도 가하지 않으면 함수라는 느낌이 나지 않으니까 '1을 곱하는 작용'을 했다고 생각해보는 거야.

규원 0을 더해도 되겠네요.

$$f(\ ) = (\ ) + 0$$

삼촌 물론 그것도 좋지.

현진 굳이 그런 검은 상자를 만드는 사람은 없겠지만 머릿속에서는 생각할 수 있겠네요.

규원 공중전화를 했는데 '통화중'일 때를 생각하면 될 것 같아요. 동전을 넣지만 그 동전이 그대로 나올 테니까요.

삼촌 제법 훌륭한 예를 생각해냈구나.

1. 양의 실수 x에서 정수 부분만 나타낸 수, 소수점 이하 첫째 자리에서 반올림한 수, 올림한 수를 각각 [ ]를 사용해서 나타내시오.

2. 양의 실수 x에서 소수점 두 자리까지 나타낸 수, 소수점 이하 셋째 자리에서 반올림한 수, 올림한 수를 각각 [ ]를 이용해 나타내시오.

여러 가지 함수

데카르트가 만든 좌표평면에 함수를 그리자

삼촌　너희들은 데카르트라는 사람에 대해 혹시 알고 있니?

현진　좌표를 발명한 사람이지요? 교과서에 나와 있었어요.

규원　직각으로 교차하는 좌표를 '데카르트 좌표'라고 한다는 것도 배웠어요.

데카르트(1596~1650)

삼촌　좌표를 생각한 사람은 데카르트 이전에도 있었을지 모르지만 좌표의 위력을 처음으로 발견한 것은 역시 데카르트였어. 이 사람은 16세기 끝 무렵인 1596년에 프랑스에서 태어났어. 그 시절에는 훌륭한 학자가 많이 나왔어. 갈릴레오도 그때 사람이야. 갈릴레오가 1564년에 태어났으니까 데카르트보다 30살 정도 나이가 많아.

규원 데카르트는 수학자였을 뿐 아니라 철학자로서도 유명했었다고 하던데요.

삼촌 오히려 철학자로서 더 유명했어. "나는 생각한다. 그러므로 나는 존재한다(cogito ergo sum, 코기토 에르고 숨)"는 데카르트가 남긴 유명한 말이야.

현진 나라면 "나는 먹는다. 고로 나는 존재한다"라고 했을텐데…….

삼촌 하하, 이 녀석. 어쨌든 데카르트가 살던 시대는 교회의 말이 여전히 절대적 진리로 생각되던 시대였어. 하지만 데카르트는 그 시대에 남들과 다른 생각을 했지. 남들이 옳다고 하는 것을 곧이곧대로 받아들여서는 안 되며, 끊임없이 의심을 통해 생각하고 그렇게 얻은 결론 이외에는 어떤 것도 믿지 말아야 한다고 주장했거든.

규원 갈릴레오가 종교재판을 받던 시절에 그런 말을 하다니 대단하네요. 그런데 삼촌, 함수 이야기를 하다말고 갑자기 왜 데카르트 이야기를 하시는 거예요?

삼촌 데카르트는 근대 철학·과학에 모두 영향을 준 사람이야. 그가 쓴 《방법서설》이란 책을 보면 학문을 연구하는 방법에 대해 자세히 나와 있어. 그 책의 부록이 바로 《기하학》이야. 거기에는 함수를 표현하기 위해 필요한 좌표에 대한 이야기가 거기 실려 있어.

현진 함수를 알기 위해서는 좌표를 알아야 하고, 좌표를 알려면 데 카르트의 생각을 알아야 한다는 말이네요?

삼촌 그렇지. 여기 번역된 책이 있으니 한번 읽어볼까? 《방법서설》에서 말하는 핵심 원리는 네 가지야. 이 부분을 읽어보렴.

● ● ● 명증의 원리

규원 "첫째, 내가 명증적으로 진리라고 인정하는 것이 아니라면 어떤 사항이라도 진실이라고 받아들이지 말 것. 다시 말하면, 속단과 편견을 피하기 위해 주의 깊게 노력할 것. 그리고 그 어떤 의심도 품을 여지가 없을 만큼 확실하다고 생각되는 것만 자신의 판단에 포함시킬 것."

삼촌 그래. 이것이 제1의 원리야. 자신의 머리로 생각해서 정말이라고 생각되지 않는 것은 결코 용납하지 말라는 거야. 너희들은 어떻게 생각하니?

현진 너무나 당연한 말이라고 생각해요.

규원 다른 말로 하면, 우선 모든 것을 의심해보라는 거겠지요.

삼촌 그래. 너무나 당연한 말이지. 모든 사람들이 이 제1의 원리를 잊지만 않았다면 미신 같은 건 세상에 생겨나지 않았겠지. 하지만 그 당연한 것이 정말이지 쉽지가 않아.

규원 "13일의 금요일은 불길하다" 같은 미신도 제1의 원리에 철

저했다면 생겨나지 않았겠지요.

삼촌 제1의 원리, 즉 '명증의 원리'는 여러 가지 미신이 만연했던 그 시대 사람들에게 마치 어둠을 깨고 맞이한 아침 해와 같았던 것 같아. 이전까지 보지 못한 세상을 이성으로 보기 시작했으니까. 그래서 이 원리는 유럽의 중세와 근대를 나누는 경계선이 되었어. 너무나 당연한 말인 것 같지만 실은 무척 무게감이 있는 원리였던 거지. 너희도 뭔가 이상한 걸 마주치면 출발점으로 되돌아가서 한 번 더 이 제1의 원리, 즉 명증의 원리에 비추어 혹시라도 정말이 아닌 것을 정말이라고 깜빡 착각했었던 것은 아닌가 하고 반성해보는 게 좋아.

●●● 분석의 원리

삼촌 다음 제2의 원리를 읽어보렴.

현진 "둘째, 검토하려는 여러 가지 어려운 문제들 하나하나를 가능한 한, 또 그 문제들을 더 잘 해결하기 위해 필요한 만큼, 여러 개의 작은 부분으로 분할할 것."

삼촌 이 제2의 원리는 '분석의 원리'라고도 해.

규원 뭐든 연구하려면 먼저 세세하게 나눠보라는 말이죠?

삼촌 그래. 이것도 역시 지당한 말씀이야. 예를 들어 생물 시간에 꽃의 구조를 공부할 때 꽃잎과 꽃받침과 수술, 암술로 나눠서 공부했지?

규원 　맞아요, 세포 수준까지 아주 세세하게 나눠보기도 했죠.

삼촌 　그렇지. 식물이 살아 있는 이유를 알고 싶다면 세포 수준까지 나눠봐야 하겠지.

현진 　'문제들을 더 잘 해결하기 위해 필요한 만큼'이라는 건 그런 뜻이에요?

삼촌 　그렇지. 더 깊이 알고 싶을 때는 더 세세하게 나눠볼 필요가 있다는 거야.

규원 　물질을 분자로 나누거나 분자를 다시 원자로 나누거나 하는 것도 그런 이유 때문이군요.

삼촌 　그렇게 말해도 좋겠지.

현진 　우리가 쓰는 말도 그렇지요. "바람이 분다"는 문장은 '바람이'라는 주어와 '분다'라는 서술어로 나누어 생각하는데, 이것도 분석인가요?

규원 　'바람이'는 '바람'이라는 명사와 '이'라는 조사로 나눌 수 있어요. 또 '바람'이라는 말은 '바'라는 음절과 '람'이라는 음절로 나눌 수 있고요. 이렇게 점점 더 분석이 진행되어가는 거군요.

현진 　아니, 더 나눌 수 있어. '바'는 'ㅂ + ㅏ'로 나눌 수 있고 '람'은 'ㄹ + ㅏ + ㅁ'으로 나눌 수 있어.

삼촌 　잘 하는데! 맞아, 제2의 원리는 누구나 어디서든 매일매일 아
　　　주 흔하게 사용하고 있는 방법이야.

규원 　수학에도 이런 분석 방법을 쓰잖아요. 다각형의 넓이를 구
　　　할 때 삼각형 여러 개로 나눠서 계산하듯이요. 그것도 분석
　　　이지요?

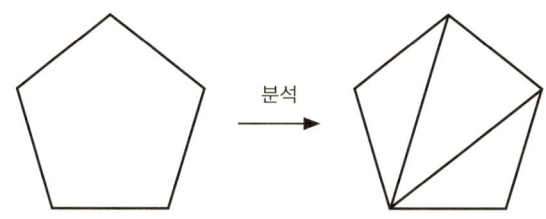

분석

삼촌 　그래. 아주 좋은 걸 알아차렸구나. 두 개의 정수의 최대공약
　　　수나 최소공배수를 구할 때 소수로 나누는 계산, 즉 소인수
　　　분해도 역시 분석이야. 예를 들어 49와 91의 최대공약수를
　　　구하려면 우선 양쪽을 소인수분해를 하잖니.

$$49 = 7 \times 7$$
$$91 = 7 \times 13$$

　　　그리고 양쪽에 공통된 7을 발견해서 그것을 최대공약수라고
　　　하지.

규원 　하지만 대상을 조각조각 나누어놓기만 한다고 문제가 해결
　　　되는 건 아니잖아요.

삼촌   맞아. 그래서 제3의 원리가 있는 거야. 이것도 한번 읽어볼
       래?

● ● ● **종합의 원리**

현진   "셋째, 가장 단순하고 가장 인식하기 쉬운 것부터 시작해서
       조금씩 단계를 높여가면서 점차 더 복잡한 것에 대한 인식에
       다다를 것. 또 겉으로 서로 관련이 없어 보이는 사물들 사이
       에 어떤 질서가 있다고 가정하면서 생각을 질서정연하게 이
       끌어갈 것."
       너무 어려워서 한 번 읽어서는 잘 모르겠어.

규원   하지만 의미는 대충 알 것 같아. 분석의 원리에 따라 복잡한
       것을 단순한 것으로 나눈 뒤에, 이번에는 그 단순한 것을 차
       차 이어 맞춰가거나 늘어놓거나 해서 복잡한 것을 만들어간
       다는 얘기가 아닐까?

삼촌   그렇지. 그래서 이걸 '종합의 원리'라고도 해.

현진   분석과 종합은 정반대의 방법이네요. 하나는 쪼개고 하나는
       이어 합치는 거니까요.

규원   그렇게 생각하니까 종합의 원리도 당연한 거네. 다각형을 일
       단 삼각형으로 나눠서 하나하나의 넓이를 계산한 다음 그것
       들을 더해서 전체 넓이를 내는 게 종합이네요.

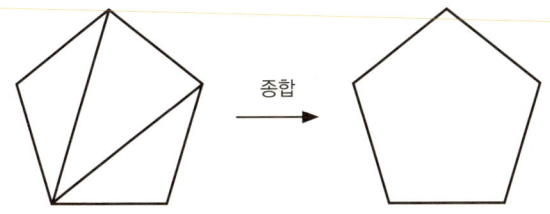

종합

현진 우선 나눠라, 그런 다음 합쳐라, 이거네.

삼촌 그런 예는 주변에 얼마든지 있으니 한 번 생각해보렴.

규원 맞아요, 예전 손목시계가 고장나서 수리하러 갔더니, 시계 가게 아저씨는 먼저 내 손목시계를 하나하나 부품으로 나눴어요. 그건 분석이죠.

현진 맞아.

규원 그러고나서 하나하나의 부품을 세정유로 씻고 그것을 조립해서 원래대로 해서 돌려줬어요. 이건 종합이지요.

삼촌 그래, 예를 잘 생각해냈구나. 그러고보니 시계 가게는 분석·종합 가게라고 할 수 있구나.

규원 요리도 분석과 종합이죠. 고로케를 만들려면 우선 감자를 으깨요.

현진 요건 분석!

규원 고기도 갈아.

현진 그것도 분석!

규원 그걸 둥글게 뭉쳐 기름에 튀겨. 이건 종합.

현진 그러고 보니 건축도 비슷해요. 우선 석회암을 부숴서 시멘트 가루로 만들어요. 이건 분석이지요. 그러고나서 시멘트를 굳혀 건물을 만들어요. 이건 종합이겠죠.

삼촌 흠, 그렇구나. 건축도 어떤 의미에서는 분석과 종합이구나.

현진 자전거를 분해해서 청소하는 것도 역시 그런 것 같아. 우선 자전거를 부품으로 해체해.

규원 그건 분석.

현진 하나하나의 부품을 청소하고 조립해.

규원 그건 종합.

삼촌 둘 다 이제 이 원리를 거의 안 것 같구나.

현진 생각해보면 인간이 하는 일은 모두 분석과 종합 같아요.

규원 부수거나 만들거나 하니까요.

삼촌 수학도 마찬가지야. 분석과 종합이 죄다 쓰이고 있어.

규원 알았다! 데카르트의 좌표도 분석 · 종합에서 나왔구나!

현진 그래?

규원 그러니까, 평면 위에서 점의 위치를 '가로' x와 '세로' y로 나눠서 생각하는 것도 분석이잖아.

$$\text{점} \xrightarrow[\text{(분석)}]{} \begin{cases} \text{가로} \cdots\cdots x \\ \text{세로} \cdots\cdots y \end{cases}$$

현진 정말 그렇네.

규원 그러니까 "점 P를 좌표 (x, y)로 나타내라"는 건 분석이야.

$$P \;\rightarrow\; (x, y)$$

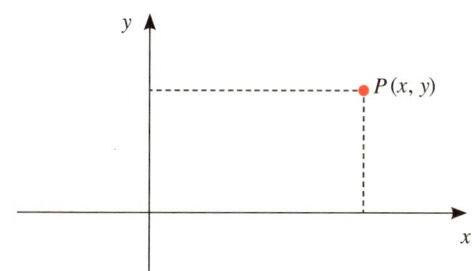

현진 그럼 좌표 (x, y)를 주고 "점 P를 구하라"는 건 종합에 해당 된다는 거네.

$$(x, y) \;\rightarrow\; P$$

삼촌 정답. 완전히 그 말대로야. 데카르트가 《방법서설》의 부록인 《기하학》에서 설명한 좌표가 바로 그런 내용이야.

현진 아, 그렇군요!

$$\left.\begin{array}{l} 가로 \\ 세로 \end{array}\right\} \underset{(종합)}{\longrightarrow} 점$$

이거야말로 분석과 종합의 좋은 예 같아요.

● ● ● **해석 기하학**

삼촌 데카르트가 생각한 게 바로 그거였어. 점의 위치를 좌표로 분석하고 종합해보기. 그래서 점과 점 사이 거리나 도형들을 좌표로 표시하고 식으로 나타내보기.

현진 흠. 솔직히 너무 당연한 이야기 같아요. 좌표평면에 점을 나타내기 위해 가로 세로로 나눠서 표시하는 것이 그렇게 신기한 일이었어요?

삼촌 17세기 이전 사람들은 기하 문제를 그냥 그림을 그려서 풀어야 했어. 기하 문제를 식으로 표현하기가 쉬운 일이 아니었지. 그런데 데카르트가 생각해낸 좌표 덕분에 한 점을 실수의 순서쌍으로 표시함으로써 두 점 사이의 거리를 식으로 표현할 수 있게 되었어. 좌표 축만 정하면 모든 점을 실수 순서쌍 (x, y)로 표현할 수 있고, 그 반대도 가능하게 된 거지.

규원 기하 문제를 식으로 해석한다?

삼촌 그렇지! 아주 정확한 지적이야. 식 따로, 기하 문제 따로 생각하다가 데카르트의 좌표 덕분에 하나로 합쳐진 셈이 된 거야. 엄청난 사고의 전환이었지. 그래서 데카르트 이후로 함수가 발전하게 되었어.

규원 그럼 원도 식으로 표현할 수 있어요?

삼촌 그럼! 조금 있다가 더 설명해볼게. 앞으로 너희가 배우게 될 기하 문제들은 좌표를 사용해서 해결하는 것들이 많아. 너희 혹시 좌표를 사용하는 기하학을 뭐라고 하는지 알고 있니?

규원 '해석 기하학'이라는 말을 들은 적이 있어요.

삼촌 그래 맞아. 그럼 영어로는 뭐라고 할까?

규원 몰라요.

삼촌 analytic geometry(애널리틱 지오메트리)야. 이 analytic은 분석 이라는 뜻의 단어 analysis(어낼리시스)의 형용사형으로 '분석 적'이라고 해석할 수 있어.

현진 그럼 '분석적 기하학'이라는 말인가요?

삼촌 글자 그대로 말하면 그래. 그런데 analysis는 '해석'이라고도 번역하니까 그쪽을 택해서 '해석 기하학'이라고 해. 그런데 데카르트가 어떻게 좌표를 생각하게 됐는지에 대해 전설이 하나 있어. 재미있는 이야기인데 진위 여부는 보증할 수 없 단다.

현진 궁금해요. 들려주세요. 내일 친구한테 들려줄래요.

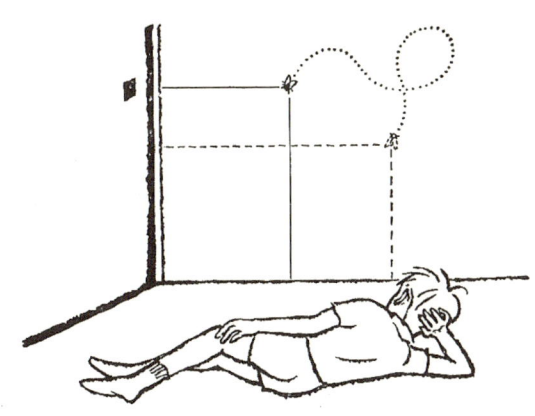

삼촌	데카르트는 몸이 굉장히 허약했대. 그래서 누워서 생각을 많이 했던 모양이야. 어느 날 이불 속에서 멍하니 벽을 바라보고 있자니까 벽 위에 파리가 한 마리 앉아 있는 거야. 데카르트는 그때 파리의 위치를 정하려면 어떻게 하면 좋을까 하는 생각을 하게 되었지. 그래서 이리저리 머리를 굴리다가 퍼뜩 깨달았어. "기둥으로부터의 거리와 바닥으로부터의 거리만 알면 파리의 위치를 말할 수 있다"는 사실을.
규원	재미있는 이야기인데요? 그러니까 파리의 위치를 가로 세로로 나눠서 분석한 거네요.
삼촌	그렇지. 사실 나중에 사람들이 재미있으라고 만든 이야기일 수도 있어. 어쨌든 중요한 건 데카르트가 점의 위치를 좌표로 분석하게 되었다는 점이야. 그럼 아까 하던 이야기로 돌아가서《방법서설》에 나온 제4의 원리를 더 얘기해보기로 할까?

●●● **열거의 원리**

규원	"마지막으로, 전체를 놓고 무엇 하나 빼놓지 않았다고 확신할 만큼 빠짐없이 열거하고 하나하나 재검토할 것."
삼촌	그것이 제4의 원리로 '열거의 원리'라고도 해. 예를 들어 시험 답안을 낼 때 반드시 한 번 더 자신의 답안을 읽어보고 빠뜨린 것은 없는지 살펴보라고 하는 것도 이 원리를 응용한

거라고 할 수 있지.

현진   여기서 잘못이 발견되면 제1의 명증의 원리로 돌아가서 다시 하면 되는 거죠?

삼촌   그래. 이 네 개의 원리를 반복하여 적용함으로써 우리의 지식은 그만큼 깊어져간다는 거야.

규원   하지만 잘 생각해보면 네 개의 원리는 모두 평범하고 당연한 것 같은 느낌이 들어요.

삼촌   그래. 너무 평범해서 사람들이 그만 잊어버리거나 깜빡 생략하고 넘어가기 쉬운 원리이기도 해.

현진   하지만 데카르트 시대의 사람들에게는 새로운 원리였던 거겠죠?

삼촌   《방법서설》의 첫 한 줄은 어떻게 되어 있는지 이것을 읽어보렴.

현진   "이성은 이 세상에서 가장 공평하게 나누어져 있다."

삼촌   읽으니까 어떤 생각이 드니?

규원   잘 모르겠어요.

현진   하지만 몹시 이성이 없는 사람도 있잖아요.

삼촌   이 첫 한 줄이 가장 어려운 얘기인지도 모르겠지만 생각을 해 보면, 우선 이제까지의 얘기에서 네 개의 원리는 여기 있는 우리 세 사람에게 잘 이해됐겠지?

규원   깊게 이해했는지 모르겠지만 의미는 알겠어요.

삼촌	그런 의미에서 적어도 우리 세 사람 사이에서 이성은 공평하게 나누어져 있는 거야.
현진	또 친구가 여기에 한 사람 더 있어도 마찬가지겠지요.
규원	또 한 사람 더 있어도 같겠죠.
삼촌	즉, 여기에 쓰여 있는 네 개의 원리는 정성껏 시간을 들여서 설명하면 전 세계의 누구라도 알아들을 수 있지 않겠니?
현진	이성이 공평하게 나누어져 있다고 하는 건 그런 의미예요?
삼촌	그렇게 생각할 수 있어.
규원	하지만 이해력이 빠른 사람도 있고 늦은 사람도 있잖아요.
삼촌	그렇긴 하지만 성실하게 생각하기만 하면 결국 누구나 이해할 수 있게 될 거야.
현진	알려고 하지 않는 사람은 어쩔 수 없겠지만…….
규원	잘 생각해보면 "이성은 공평하게 나뉘어져 있다"는 건 무척 중요한 원리네요.
삼촌	민주주의의 원리가 아닐까? 양식이 일부에게만 나누어져 있다면 민주주의는 없어질 테니까.
현진	데카르트가 무척 훌륭한 학자여서 중학생이 도저히 읽을 수 없는 책만 쓴 줄 알았는데, 우리도 이해할 수 있는 책을 썼네요.
삼촌	정말로 훌륭한 사람은 누구나 잘 이해할 수 있는 책을 쓰는 법이야.

규원   누구나 이해할 수 있기 때문에 훌륭한 건지도 몰라요.

현진   나는 누구나 이해할 수 없는 것을 써야 훌륭한 거라고 생각
했어.

삼촌   《방법서설》을 읽고 생각이 바뀌었겠지? 하지만 알려고 노력
하지 않는 사람에게는 역시 어려운 책일 거야.

● ● ●   **좌표의 발견**

현진   데카르트가 좌표를 발견한 과정에 대해 조금 더 얘기해주세요.

삼촌   기준이 되는 점, 즉 원점에서부터 좌우로 얼마만큼 거리가 떨
어져 있는가는 가로 좌표인 x로 표시되겠지. 위아래로는 얼
마나 떨어져 있는가는 일단 뒤로 미뤄놓고 좌우의 방향에만
시선을 고정하는 거야.

현진   거꾸로 좌우는 제쳐놓고 위아래만을 문제로 삼으면 세로 좌
표인 y가 나오는 거고요.

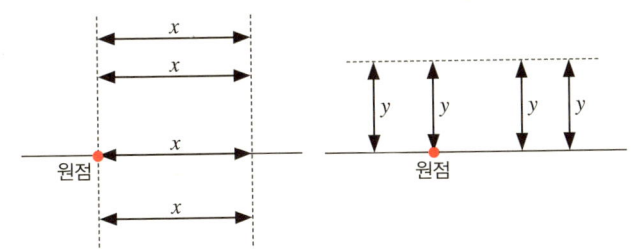

삼촌　즉 "평면상의 점의 위치를 좌우와 상하로 나눠서 생각한다"
라는 것이 좌표에 대한 생각이야. 데카르트의 제2의 원리 "검
토하려는 여러 가지 많은 문제들 하나하나를 가능한 한, 또 문
제들을 더 잘 해결하기 위해 필요한 만큼 다수의 작은 부분으
로 분할할 것"에 해당하는 거야.

$$\text{점} \xrightarrow{\text{(분석)}} \begin{cases} \text{좌우} \cdots\cdots x \\ \text{상하} \cdots\cdots y \end{cases}$$

규원　그런 것이 '분석'이군요.

현진　(x, y)라는 두 개의 수의 쌍을 알고 거기에 기초하여 평면상
의 점을 발견하는 것은 제3의 원리에 해당되는 건가요?

삼촌　맞아. 제3의 원리를 다시 한 번 읽어보렴.

규원　"가장 단순하고 가장 인식하기 쉬운 것부터 시작해서 조금
씩 단계를 높여가면서 점차 더 복잡한 것에 대한 인식에 다
다를 것. 또 겉으로 서로 관련이 없어 보이는 사물들 사이에
어떤 질서가 있다고 가정하면서 생각을 질서정연하게 이끌
어갈 것."

현진　즉 두 개의 수를 조합해서 하나의 점을 발견하기 때문에 종
합에 해당되는 거군요.

$$x \atop y \Big\} \xrightarrow[\text{(종합)}]{} \text{점}$$

규원 그럼 좌표를 사용하는 기하학을 '종합적 기하학'이라고 해도
돼요?

삼촌 그것도 말이 안 되는 건 아니지. 하지만 그렇게 말하지는 않
아. 왜냐하면 정말로 새로운 것은 역시

$$\text{점} \xrightarrow[\text{(분석)}]{} \Big\{ {x \atop y}$$

즉, 점을 가로 세로의 좌표로 나누어 나타내는 분석 쪽에 있
으니까.

현진 분석이 있으면 종합은 자연히 생각해낼 수 있겠지요.

규원 어쨌든 데카르트의 대발견이라 해도 실은 몹시 단순한 것 같
아요.

현진 나도 생각해낼 수 있을 것 같아. 데카르트처럼 잠을 많이 자
면 될까?

삼촌 아무 늦잠꾸러기나 생각해낼 수 있는 건 아니야. 대발견이라
는 건 나중에 생각하면 대개는 누구라도 생각해낼 수 있을 듯
이 보여. 하지만 그걸 처음으로 생각해내는 건 쉬운 일이 아
니야.

규원   '콜럼버스의 달걀'이네요.

현진   그건 무슨 소리야?

규원   콜럼버스의 달걀을 몰라? 아메리카를 발견하고 돌아온 콜럼버스에게 어떤 사람이 "나도 그런 발견 정도는 할 수 있었을 거야"라고 했어. 그랬더니 콜럼버스는 잠자코 달걀을 갖고 와서 "그럼 자네 이 달걀을 세워보게나"라고 했어. 그 사람은 아무리 해도 할 수가 없었어. 콜럼버스는 그 달걀을 다시 받아들고는 책상 모서리에 부딪쳐 조금 깬 뒤에 세웠더니 잘 섰어. 그 사람은 "뭐야, 그런 거라면 나도 할 수 있었을 거야"라고 말했지. 그러자 콜럼버스는 "나의 발견도 이것과 같아요"라고 했대.

현진   과연, 남이 한 것을 나중에 보면 쉬워보이지만 처음으로 생각해내는 건 어렵다는 거군요.

삼촌   한 번 누군가가 처음으로 생각해내면 그 다음에 배우는 건 쉬운 법이야. 그럼 가벼운 연습문제를 풀어보자.

1. 다음 점 A~G의 좌표를 말하시오.

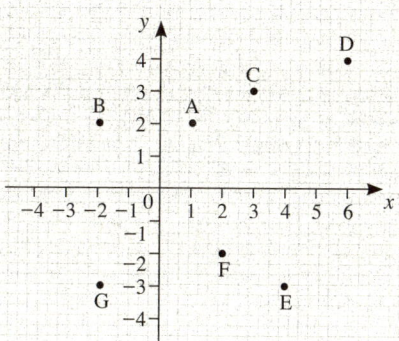

2. 좌표가 다음과 같은 점 H ~ L을 위의 좌표평면에 표시하시오.

H(1, 2), I(2, −3), J(0, 2), K(−3, 0), L(1, −1)

규원　잘 생각해보니 좌표는 조금도 신기한 게 아니예요. 우리 아
　　　버지가 좋아하는 바둑도 모두 좌표로 표현할 수 있을 것 같
　　　아요.

삼촌　뭐 그렇다고 할 수 있지. 하지만 그건 가로와 세로에 숫자 1,
　　　2, 3, … 19라는 기호를 사용하니까 많이 다르지.

현진　데카르트 좌표로 표현했으면 더 간단했을 텐데요.

삼촌　나도 그렇게 생각하는데 옛날부터 내려온 습관이라 말이야.

규원　데카르트의 생각을 알고 있었다면 바둑판의 한가운데를 원점으로 봤겠지요?

현진　한가운데를 '배꼽점'이라고 말하는 모양인데, 그것을 원점으로 삼으면 세로와 가로 모두 −9에서 +9까지의 한 자리수로 표시할 수 있어.

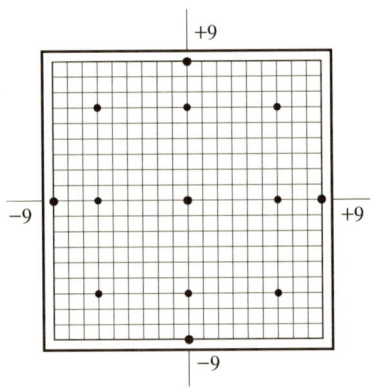

규원　최근에는 외국에서도 꽤 바둑이 유행하고 있다니까 데카르트의 방법을 사용하면 바둑을 세계화하는 데 더 좋을 거 같아요.

삼촌　그렇긴 하지만 습관은 좀처럼 바뀌지 않아. 아, 그리고 주의할 게 있는데 데카르트의 책에는 가로의 좌표축만 나오고 세로의 좌표축은 따로 없어.

현진　그건 놀라운 일이네요.

규원   그러고보니 가로 좌표축과 O의 위치만 정해놓으면 세로 좌
      표축은 굳이 쓰지 않아도 되겠어요.

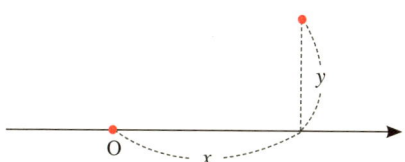

단순한 것에서
복잡한 것으로

규원   함수가 얼마나 종류도 많고 다양한 지 알게 되니까 도대체
           어디서부터 손을 대야 좋을지 모르겠어요.

현진   저도 그래요.

삼촌   음, 어떤 순서로 공부하는 게 좋을까? 그래, 알기 쉬운 것부
           터 시작하는 게 좋겠지?

● ● ● ( )^n 함수

현진   우선 입력과 출력이 모두 수인 함수, 즉 좁은 의미의 함수부
           터 시작하면 좋겠어요.

규원   저도 그렇게 생각해요. 지금 학교에서 공부하고 있는 것은 그
           런 함수이니까요.

삼촌   그러자. 좁은 의미의 함수부터 보자. 하지만 그런 함수만 생
각한다 해도 종류가 엄청 많은데…….

규원   만드는 방법이 단순한 것부터 시작하면 어떨까요? 예를 들어
입력은 x이고 단순하게 만들 수 있는 것…….

삼촌   단순하다면?

규원   예를 들어 +만으로 만든다면 $x + a$라는 형태가 되겠지요.

현진   하지만 그것만이면 좀 싱겁고.

규원   그렇다면, 이건 어때요?

$$x \times x \times \cdots \times x$$

삼촌   그런 계산을 표시하는 좋은 기호가 있을 텐데…….

규원 x의 n제곱요. 보통 이렇게 쓰죠.

$$\underbrace{x \times x \times \cdots \times x}_{n\text{개}} = x^n$$

삼촌   그렇다면 그건 $(\ \ )^n$이라는 함수구나. 이런 함수도 역시 무수
히 많단다.

$$x^1,\ x^2,\ x^3,\ \cdots$$

이런 함수에 변하지 않는 수 a를 곱한 함수도 만들 수 있지.

$$a \times \underbrace{x \times \cdots \times x}_{n\text{개}} = ax^n$$

변하지 않는 수를 뭐라고 했더라…….

현진   상수요.

삼촌	그럼 그 상수가 하나가 아니라 $a, b, c, \cdots$ 등, 여러 가지가 곱해져 있는 건 어떻게 될까? 이렇게 말이야.

$$a \times x \times \cdots \times x \times b \times x \times \cdots \times x \times c \times \cdots$$

규원	상수 $a, b, c, \cdots$는 한 곳에 모아도 되지 않을까요?

$$a \times b \times c \times \cdots \times x \times \cdots \times x$$

이 $a \times b \times c \times \cdots$도 계산하면 역시 변하지 않는 수, 즉 상수니까 하나의 글자, 예를 들어 새롭게 a라고 써서 결국은,

$$ax^n$$

이라는 형태로 쓸 수 있겠어요.

현진	과연 그렇겠네. 곱셈으로 만들어낼 수 있는 함수는 모두 ax^n이라는 형태로 쓸 수 있겠네.

규원	응. 그래. 그 함수는

$$a(\ )^n$$

이라는 형태의 함수라고 할 수 있을거야.

삼촌	그런 함수끼리 더하면 어떤 함수가 될까?

현진	$$ax^n + bx^{n-1} + \cdots + r$$

이라는 형태가 돼요.

●●● 라이프니츠의 등번호

삼촌	중간에 있는 $\cdots$은 무슨 뜻이지?

현진 "x^n, x^{n-1}, x^{n-2}, …이 차례차례로 늘어서 있다"라는 뜻이에요.

삼촌 마지막에 있는 r은 어떻게 된 거야?

현진 그건 상수라는 뜻이에요.

삼촌 왜 r을 선택했지?

현진 그건 a, b, c…로 가다가 훨씬 뒤에 나올 글자이니까요.

삼촌 그럼 q나 s라고 해도 되잖아.

현진 네.

삼촌 그럼 대충 r이라고 쓴 거니?

현진 뭐 말하자면 그렇죠.

삼촌 하지만 a, b, c…라고 차례로 말하면 r은 열여덟 번째의 글자가 아니니? 그러면 이 식을 본 사람은 정말로 열여덟 번째라고 생각할지도 몰라. 또 표시해야 할 글자 a, b, c…가 26개를 넘어가면 그 이상은 쓸 방법이 없잖아.

규원 달리 좋은 방법이 있나요?

삼촌 거기에 딱 좋은 방법이 있지. 그건 역시 기호 만들기의 달인이었던 라이프니츠가 생각해낸 거야. 글자가 필요해질 때는 a, b, c…처럼 여러 글자를 사용하지 않고 한 가지 글자에다가 1, 2, 3이라는 수를 그 글자의 오른쪽 아래에 써넣어서,

$$a_1, a_2, a_3, …$$

이라든가,

$$b_1, b_2, b_3, …$$

이라든가,

$$x_1, \ x_2, \ x_3, \ \cdots$$

등으로 쓰는 거지.

현진 그러네요. 이렇게 하면 얼마든지 많은 글자를 표시할 수 있

네요. 100번째 수를 a_{100}이라고 쓸 수도 있고요.

삼촌 그래. 글자만이 아니라 어떤 것이든 아주 많은 것을 표현하

려면 숫자를 쓰는 게 좋은 방법이야.

현진 야구나 배구의 등번호 같은 거네. 하긴 오른쪽 아래에 쓰니

까 허리번호라고 해야 하나?

삼촌 그것도 재밌네. 하지만 등번호라고 부르기로 하자. 그쪽이 더

잘 통하니까.

현진 등번호를 쓰면

$$ax^n + bx^{n-1} + \cdots + r$$

같은 것들도

$$a_n x^n + a_{n-1} x^{n-1} + \cdots + a_1 x + a_0$$

라고 쓸 수 있지요.

규원 그렇게 쓰면 n이 26보다 큰 수라 하더라도(즉 항의 개수가 26

개를 넘어선다 하더라도) 글자가 모자라게 되는 경우가 없어

요. 게다가 $a_n, a_{n-1}, \cdots$ 은 x^n, x^{n-1}의 계수라는 것을 바로 알

수 있어요.

삼촌 그러니 앞으로 이 등번호를 잘 사용하렴.

좁은 의미의 함수

현진 '함수'는 입력과 출력이 모두 수여야만 하나요?

삼촌 그렇지 않아. 그림을 입력하든 문장을 입력하든 상관없어. 단, 하나를 입력하면 하나가 출력되어야 한다는 조건만 만족하면 돼.

규원 그렇다면 왜 함수라고 부르는 거죠? 수(數)라는 단어를 썼으니 입력되거나 출력되는 것이 모두 수여야 할 것 같은데…….

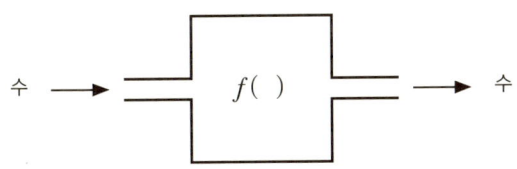

삼촌 확실히 그런 점에서 보면 '함수'라는 용어는 그다지 잘 번역

한 것이라고 할 수 없어. function이란 말에는 '수(數)'라는 의미는 조금도 없으니까. 하지만 입력과 출력이 수인 경우가 많은 건 사실이야. 적어도 라이프니츠가 function이라는 말을 만들어내고 나서 한동안은 입력과 출력 양쪽이 모두 수인 함수만 연구했었어. 그 시대의 좁은 의미의 함수만을 생각한다면 함수라는 용어에도 특별히 문제가 있다고는 할 수 없겠지.

앞으로 한동안은 좁은 의미의 함수만 생각해보자. 그런 함수에는 어떤 게 있을까?

●●● 독립변수와 종속변수

규원 $$x + 1 = y$$

도 그런 함수예요.

삼촌   그렇지. 그것을 ( )을 사용해서 표현해보렴.

규원   ( ) + 1인가요?

삼촌   그래. 그것도 확실히 함수의 일종이지. ( ) 안에 숫자 0, 1, 2, 3을 입력하면 출력은 어떻게 될까?

규원 $$(0) + 1 = 0 + 1 = 1$$

               $$(1) + 1 = 1 + 1 = 2$$

               $$(2) + 1 = 2 + 1 = 3$$

$$(3) + 1 = 3 + 1 = 4$$

가 돼요.

삼촌 맞아. 입력과 출력이 수일 때 그 입력을 '독립변수', 출력을 '종속변수'라고 부르기로 약속이 되어 있어.

$$f(\text{독립변수}) = \text{종속변수}$$

라고 표시할 수 있지. 그림으로 그리면 이렇게 된단다.

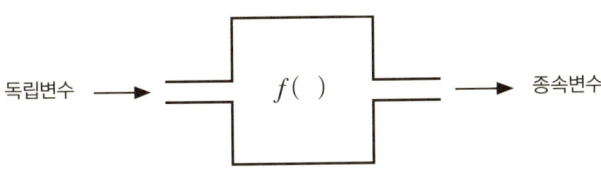

규원 왜 그런 이름을 붙인 거예요?

삼촌 입력에 무엇을 넣을지 다른 것과 상관없이 결정할 수 있기 때문이야. 다른 것으로부터 독립하여 선택할 수가 있기 때문에 '독립'이고, 여러 가지로 변하기 때문에 '변수', 두 가지를 이어서 '독립변수'라고 한 거야.

현진 '종속변수'는 독립변수가 뭐냐에 따라 결과가 달라지니까 '종속'이라는 건가요?

삼촌 그래.

현진 3 × ( )도 역시 함수예요.

삼촌 독립변수가 0, 1, 2, 3일 때 종속변수를 계산해볼래?

현진	$3 \times (0) = 3 \times 0 = 0$
	$3 \times (1) = 3 \times 1 = 3$
	$3 \times (2) = 3 \times 2 = 6$
	$3 \times (3) = 3 \times 3 = 9$

삼촌 좋아.

규원 결국 ( ) 안에 수를 넣어서 계산하는 거니까 대입을 하는 계산이네요.

삼촌 그래, $3 \times x$, 즉

$$3x$$

의 x에 여러 가지 수를 대입하는 거야. 그 과정을 꼼꼼히 따라가보면,

① 우선 x를 ( )로 싼다. $3(x)$

② x를 지운다. $3( )$

③ ( )의 안에 수를 넣는다. $3(2)$

④ ( )를 지우고 계산한다. $3 \times 2 = 6$

의 순서가 되는 거야.

문제를 내볼테니 한 번 풀어볼래?

다음 함수에서 $x = 3$일 때 종속변수를 구해 보렴.

① $2x$ ② $2x + 1$ ③ $5x - 2$

현진 ① $2x$

$2(x)$

$$2(\quad)$$

$$2(3)$$

$$2 \times 3 = 6$$

규원 ② $2x + 1$

$$2(x) + 1$$

$$2(\quad) + 1$$

$$2(3) + 1$$

$$2 \times 3 + 1 = 6 + 1 = 7$$

현진 ③ $5x - 2$

$$5(x) - 2$$

$$5(\quad) - 2$$

$$5(3) - 2$$

$$5 \times 3 - 2 = 15 - 2 = 13$$

삼촌 생각의 과정을 따라가면 그런 순서가 되겠지. 보통

$$5x - 2$$

에 $x = 3$을 대입하는 계산을 할 때는,

$$5 \times 3 - 2 = 15 - 2 = 13$$

으로 하면 되지.

다음 도표의 빈 칸을 채우는 건 숙제야.

		독립변수					
		0	1	2	3	4	5
함수	$2x-3$						
	$3x+1$						
	$4x-3$						
	$x-1$						
	$6x-2$						

●●● **함수는 무수히 많다**

현진   함수에는 정말 많은 종류가 있겠어요.

삼촌   그럼. 무수히 많지. 어떤 것들이 있을 지 둘이서 생각해보렴.

규원 x^2도 그렇고 거기에 3을 곱한 $3x^2$도 역시 함수겠지요.

현진   거기에 $5x$를 더한 $3x^2+5x$도 역시 함수고요.

규원   거기에 또 4를 더해서

$$3x^2+5x+4$$

도 역시 함수일 거고요.

현진   3, 5, 4 대신에 다른 수를 계수로 사용하는 것만으로도 여러

가지 함수가 만들어져요.

$$2x^2-3x-1$$

$$4x^2+2x+1$$

…

규원   그것들을 하나로 모으면,

$$ax^2 + bx + c$$

라고 쓸 수 있고요.

삼촌   괄호를 사용해서 써보렴.

규원

$$a(\ \ )^2 + b(\ \ ) + c$$

라고 쓰면 되는 거죠?

현진 a, b, c는 어떤 수라도 되는 거니까 사실 많은 함수가 있는 셈이네요.

삼촌   함수는 무수히 많다는 것을 이제 알았지?

규원   그 무수하게 많은 함수를 연구하는 것이 수학의 한 분야인가요?

삼촌   그래. 함수는 수나 도형과 나란히 라이프니츠 때부터 지금까지 수학의 중요한 연구 주제 중 하나란다.

다항함수

삼촌	$$a_nx^n + a_{n-1}x^{n-1} + \cdots + a_1x + a_0$$

이렇게 생긴 함수를 기억하지? 이것을 '다항함수'라고 부른 단다.

현진 '다항'이 뭐예요?

삼촌 곱하기만으로 만들어진 식을 '항' 또는 '단항식'이라고 해. 예 를 들어

$$ab, \; abc, \; ax, \; byz, \; \cdots$$

등은 곱하기만으로 문자가 연결되어 있어.

규원 단항식에도 간단한 것과 복잡한 것이 있네요.

현진 서로 곱한 글자의 수가 많으면 그만큼 복잡한 거라고 할 수 있겠죠?

삼촌 곱해진 문자들의 개수를 '단항식의 차수'라고 해.

현진   그러면 abc는 3차, x^2yz는 4차네요.

삼촌   그렇지. 잘 아는구나. 때로는 한 가지 문자의 입장에서 얘기할 때가 있어. 예를 들어 x^2yz은 4차항인데, x에 대해서는 2차항, y에 대해서는 1차항이라고 하지.

규원   더하기(+)나 빼기(−)나 나누기(÷)는 사용하지 않네요.

삼촌   그래. 이 '단항식'을 여러 개 더한 식이 '다항식'이야.

$$다항식 = 단항식 + 단항식 + \cdots + 단항식$$

라는 거야. 즉

$$a_n x^n, a_{n-1}x^{n-1}, \cdots, a_1 x, a_0$$

은 각각 모두 단항식이니까 그것들을 더한

$$a_n x^n + a_{n-1}x^{n-1} + \cdots + a_1 x + a_0$$

은 다항식이지. 그리고 이것은 x의 다항식으로 표현되는 함수라고 하여 '다항함수'라고 부른단다. 다만 이때 등번호의 순서를 거꾸로 해서

$$a_0 x^n + a_1 x^{n-1} + \cdots + a_{n-1}x + a_n$$

라고 쓰는 경우도 많아.

● ● ● **곱해서, 더한다**

현진   하지만 왜 "곱한 것을 더한다"는 형태인 거죠?

삼촌   좋은 질문이야. 한마디로 하면 '곱해서 더하는' 계산이 현실

에 많기 때문이야.

규원 어째서죠?

삼촌 규원는 가게로 심부름을 가주 갈 거야. 어제도 시장에 갔다
고 하지 않았나?

규원 확실히 기억나지는 않지만 700원짜리 사과 다섯 개, 1,500원
짜리 양배추 두 개, 한 봉지에 800원 하는 라면을 네 봉지를
산 건 확실해요.

삼촌 합계는 얼마였니? 계산해 보렴.

규원
$$700 \times 5 + 1500 \times 2 + 800 \times 4$$
$$= 3500 + 3000 + 3200$$
$$= 9700 (원)$$

삼촌 거봐. 곱하고 나서 더하고 있잖니.

규원 정말 그러네요. 하지만 더해서 곱하는 경우도 있지 않아요?

삼촌 물론 있지. 그러나 그건 아무래도 더 드물지. 곱하고 나서 더
하는 쪽이 압도적으로 많을 거야.

현진 그래서 +, −, ×, ÷가 나오는 식에서는 ×와 ÷를 먼저 하고,
+ 와 − 는 나중에 한다는 규칙이 생긴 거네요.

삼촌 그런 규칙을 정해서 사용하기로 하지 않았다면 위의 식은 일
일이 괄호를 해서 $(20 \times 5) + (100 \times 2) + (80 \times 4)$라고 써야
했을 거야.

규원 수학의 규칙도 현실에서 필요한 것에 맞춰 만들어지네요.

삼촌 　물론이야. 수학은 언뜻 보면 추상적이고 현실하고 아무 관련
이 없는 듯 보일지도 모르지만 뿌리는 현실 세계 안에 있어.

● ● ● ● **차수**

현진 　다항함수는 간단히

$$a_0x^n + a_1x^{n-1} + \cdots + a_{n-1}x + a_n$$

이라고 쓸 수 있다는 건 알았지만 잘 생각해보면 그리 간단
하지는 않네요. 이 안에는

$$n = 0 일 때 \quad a_0$$

$$n = 1 일 때 \quad a_0x + a_1$$

$$n = 2 일 때 \quad a_0x^2 + a_1x + a_2$$

$$n = 3 일 때 \quad a_0x^2 + a_1x^2 + a_2x + a_3$$

이 모두 포함되어 있는 거니까…….

규원 　다항식에도 간단한 것과 복잡한 것이 있잖아요. 어떤 다항식
이 얼마나 간단한지 혹은 복잡한지를 구분할 때에 그 다항식
에 나오는 1, x, x^2, $\cdots$, x^n 중에 가장 큰 n의 수를 기준으로
결정해도 될까요?

삼촌 　좋은 생각이야. 바로 그런 n을 그 다항식의 '차수'라고 한단다.
다음 다항식의 차수는 얼마일까?

$$2x^5 - 4x^3 + 5x - 2$$

규원   물론 5예요.

삼촌
$$3x^3 + 5x^2 - 6x + 1$$

의 차수는?

규원   3이에요.

삼촌   그럼
$$3x^4 + 2x^3 - 2x^4 + 4x - x^4 + 1$$

의 차수는?

현진   4예요.

규원   앗, 잠깐. x^4의 항들끼리 계산하면
$$3x^4 - 2x^4 - x^4 = 0$$

이 되니까, 실제로는 x^4 항이 없어져요.

현진   아 그렇구나.

삼촌   잘 알아차렸구나. 겉보기에 차수는 4 같지만 실제로 계산하면 x^3이 가장 높은 차수가 돼.

현진   그러니까 이 다항식의 차수는 3이 되는 건가요?

삼촌   맞아.

규원   겉보기에 속아서는 안 돼요.

현진   차수를 정하려면 섣불리 판단할 것이 아니라 먼저 차수가 같은 동류항을 모아 합산을 하고 나서 판단해야 하는 거군요.

삼촌   그렇단다. 그럼 다음 문제를 풀어보렴.

1. 다음 다항식의 차수를 구하시오.

(1) $3x^2 + 2x^3 - 5x - x^3 - 2x^2 - x^3 + 1$

(2) $4x^5 - 2x - 5x^3 - 2$

(3) $x^4 - 6x^3 + x^2 - 2x^4 - 5 + x^4$

복잡한 함수

복잡한 **검은 상자**

현진　같은 검은 상자라도 여기 있는 표 자동판매기는 아주 단순하
　　　지만, 공장에 있는 큰 기계는 엄청 복잡한 검은 상자라고 할
　　　수 있겠어요.

삼촌　그래. 마찬가지로 함수도 단순한 것과 복잡한 것이 있단다.

현진　딱 맞게 돈을 넣어야 표가 나오는 단순한 자동판매기도 있지
　　　만, 표를 선택할 수 있거나 돈을 거슬러 줄 수 있는 자동판매
　　　기도 있잖아요. 그런 것을 검은 상자로 표현하면 이렇게 될
　　　까요?

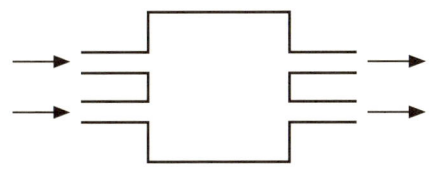

삼촌   입구(동전, 버튼)와 출구(표, 거스름돈)가 두 개씩 있으니까 그
         렇게 그릴 수 있겠구나.

규원   이걸 식으로 표현할 수 있을까요?

삼촌   한 번 생각해보렴.

현진   우선 입력이 두 개니까 그걸 구별해야겠어요. 위의 입구로
         들어오는 입력을 x, 아래의 입구로 들어오는 입력을 y라고
         하고 싶어요.

규원   그렇다면 출력 쪽은 위의 출구로 나오는 출력을 z, 밑의 출
         구로 나오는 출력을 w라고 할게요.

현진   그걸 그림으로 그리면 이렇게 돼요.

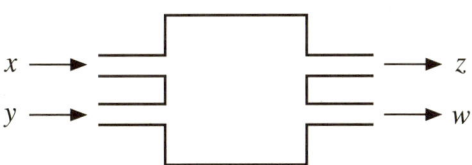

삼촌 (x, y)라는 수의 쌍이 들어와서, (z, w)라는 쌍이 되어 나간
         다는 거구나. 그러면 그걸 식으로 써보자.

규원 (x, y)과 (z, w) 사이에 관계를 생각하면 되는 거죠?

삼촌   그것을 식으로 쓸 수 있겠니?

현진   결과가 z와 w가 있어서 어떻게 쓸지 막막해요.

삼촌   힌트를 줄게. z를 생각할 때 w는 생각하지 않아야 돼.

규원   그럼 z는 x와 y의 값에 따라 정해지는 거라고 할 수 있네요?

삼촌   그걸 어떻게 표현하면 좋을까?

규원   역시 f를 사용해서

$$z = f(x, y)$$

는 어때요?

삼촌 x가 넣은 돈, y가 버튼에 표시된 가격, z가 거스름돈, w가 표가격이라면 z는 x, y와 어떤 관계가 되지?

현진 z는 거스름돈이니까

$$z = x - y$$

이겠죠.

규원 $f(x, y)$는 x와 y를 포함한 식이 되었어요.

삼촌   이것도 넓은 의미에서 함수란다. 입력이 두 개 있어서 '2변수 함수'라고 해. 입력이 하나 있는 지금까지의 함수 $f(x)$는 '1변수 함수'라고 하면 되겠지.

●●● 특별한 경우

현진   2변수가 아니라 입구의 수가 3, 4, 5,…인 경우에는 3변수 함
          수, 4변수 함수,… 등으로 말하면 되겠네요?

삼촌   그래. 그런데 표 가격인 w는 어떻게 나타내면 좋을까?

규원   이건 누른 버튼의 금액 y와 같으니까,

$$w = y$$

          라고 쓰면 돼요.

현진   이 경우 x는 관계가 없으니까 1변수 함수가 되는 건가요?

삼촌   그렇긴 한데, 이 예와 다른 경우에는 w쪽 역시 x와 y 둘 다
          에 의해 정해지는 일도 많이 있겠지?

규원   그때는 역시

$$w = f(x, y)$$

          라고 써야지요.

삼촌   그렇게 써도 좋지만 같은 f를 사용하면 $z = f(x, y)$와 혼동될
          우려가 있기 때문에 다른 글자를 쓰는 게 좋아. 예를 들어

$$w = g(x, y)$$

          라고 쓰는 거야.

현진   일반적으로 $w = g(x, y)$이지만 특별한 경우에는 $w = g(y)$가
          되는 건가요?

규원   그렇게 하나하나 구별하는 것은 성가신 일이에요.

삼촌   수학은 그런 성가심을 교묘하게 가려주는 수법을 갖고 있지.

1변수 함수는 2변수 함수의 특별한 경우라고 생각하는 거야.

현진 그래도 되는 거예요? 좀 이상해요.

삼촌 좋아. 설명해 줄게. 우리가 이미 공부한 1변수 함수에서 입력 x가 어떻게 변해도 출력 y가 조금도 변하지 않는 경우가 어떤 게 있는지 한번 생각해보렴.

현진 하지만 그런 장치가 실제 있을라구요.

규원 고장난 검은 상자는 그렇겠지요.

삼촌 하하하, 그거 재미있는 예로구나. 돈을 얼마를 넣어도 표가 나오지 않는 고장난 판매기는 늘 0장의 표가 나오는 거지.

현진 그러네요. 그것도 $f(x)$라고 쓸 수 있겠어요.

삼촌 그렇다면 $g(y)$를 $g(x, y)$라고 써도 된다는 걸 알 수 있겠지? 이렇게 생각하는 거지.

$$w = y$$

라는 식에 $0 \cdot x$ 라는 항을 추가해보는 거야.

$$w = 0 \cdot x + y$$

이렇게 되면 x는 식에는 포함되어 있지만 실질적으로는 w값을 정하는 데 아무 영향을 주지 않지.

규원 정말 그렇네요. 이제 왜 $g(x, y)$라고 써도 되는지 잘 알겠어요.

삼촌 지금까지 한 이야기를 좀 정리해볼까?

현진
$$\begin{cases} z = f(x,\, y) \\ w = g(x,\, y) \end{cases}$$

라는 형태로 쓸 수 있다는 걸 알았어요.

규원 하나의 식으로 쓰는 것이 아니라 2변수 함수 두 개를 늘어놓은 것이군요.

삼촌 이렇게 식을 늘어놓는 것을 '연립'이라고 해.

현진 연립이라는 건 '연립주택'만이 아니라 식에도 사용하네요.

삼촌 그래. 두 개 이상의 집들이 같이 모여 있는 공동주택을 연립주택이라고 하듯이 식도 그래. 사이좋게 같이 서 있기 때문에 연립이라고 하는 거야.

규원 실제 기계에서도 입력과 출력의 수가 두 개 이상인 경우가 있겠지요?

삼촌 기계가 복잡할수록 입력과 출력이 아주 많아지지.

현진 옛날 텔레비전 같은 경우 돌리는 스위치나 버튼이 많이 있는데 그걸 모두 입력이라고 생각할 수 있겠어요.

규원 방송국에서 보내오는 전파도 안테나에서 들어오는 입력이라고 할 수 있어요.

현진 그러고보면 콘센트에 연결한 코드를 따라 흘러들어오는 전류도 입력의 일종이네.

규원 　출력도 많아요. 화면의 형태나 색소, 그리고 소리 같은 것들.

삼촌 　그렇다면 입력이 n개, 출력이 m개 있는 검은 상자를 생각할

　　　수가 있을 것 같구나. 그림으로 그리면 이런 상자가 되겠지?

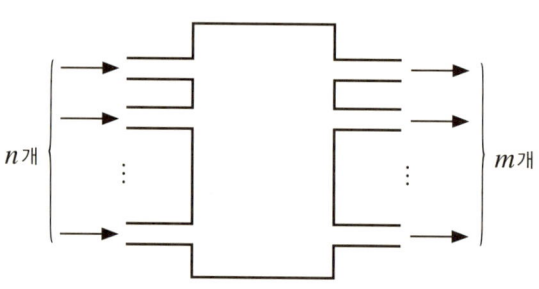

이때 입력, 출력을 글자로 나타내면 어떻게 될까?

현진 　입력은 $x, y, z, \cdots$으로 나타내면 글자 수가 부족해질 수도 있

　　　으니까……, 아, 알겠다. 등번호 방식으로 하면 되겠네요. 입

　　　력은 $x_1, x_2, \cdots, x_n$으로 하고, 출력은 $y_1, y_2, \cdots, y_n$으로 하면

　　　문제없어요.

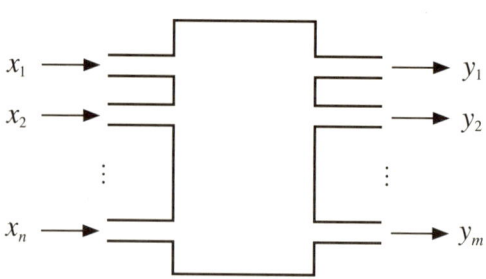

규원   그렇다면 입력이 100개가 있더라도

$$x_1,\ x_2,\ \cdots,\ x_{100}$$

라고 쓰면 되는 거네요?

현진   출력 쪽도 역시 200개가 있다 해도 $y_1,\ y_2,\ \cdots,\ y_{200}$으로 쓰면

끝이에요.

삼촌   그걸 식으로 쓰면 다음과 같이 된단다.

$$\begin{cases} y_1 = f_1(x_1, x_2, \cdots, x_n) \\ y_2 = f_2(x_1, x_2, \cdots, x_n) \\ \qquad \cdots\cdots \\ y_m = f_m(x_1, x_2, \cdots, x_n) \end{cases}$$

현진   이건 n변수 함수를 m개만큼 연립한 것이군요.

함수의 연결

●●● 검은 상자의 연결

삼촌   이번에는 검은 상자를 여러 개 연결시키는 경우를 생각해보자. 너희, 이런 거 본 적 있지? 표 자동판매기 옆에 동전을 바꿔주는 동전교환기 말야.

규원   네! 표 자동판매기에 동전을 넣어야 하는데 지폐 밖에 없으면 동전자판기에 가서 바꾸잖아요.

현진   앗! 그러고보니 동전교환기도 검은 상자네요.

삼촌   맞아. 동전자판기도 표 자동판매기도 모두 검은 상자야. 그런데 표를 얻기 위해서는 두 개 상자를 모두 연속해서 사용해야 하지.

현진   말하자면 검은 상자 두 개를 연결해서 사용하는 거네요?

삼촌   그렇게 말할 수 있지. 그걸 식으로 써보자.

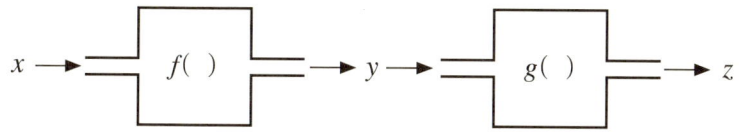

x를 $f(\ )$에 넣으면 y가 나와.

$$y = f(x)$$

그 y를 $g(\ )$에 넣으면 z가 나와.

$$z = g(y)$$

만약에 여기서 두 개의 검은 상자를 연결된 하나의 기계로 본다면 x를 넣었을 때 z가 나온 것처럼 보이게 되는 거야.

규원   식으로 쓰면 $z = g(y)$의 y 대신 $y = f(x)$를 대입하면 되는 거네요. 이렇게 말이에요.

$$z = g(f(x))$$

현진 $f(\ )$의 출력이 그대로 $g(\ )$의 입력이 되는 셈이네요?

삼촌   아주 훌륭해. 그럼

$$\begin{cases} y = f(x) = x^2 \\ z = g(y) = y + 1 \end{cases}$$

이라면 어떻게 될까?

현진 $z = g(y)$의 y에 $y = x^2$을 대입하는 거니까,

$$z = g(y) = g(f(x)) = (y) + 1 = (x^2) + 1 = x^2 + 1$$

이 돼요.

삼촌   잘했어. 그럼 이 문제도 해보렴.

$$\begin{cases} g(\ ) = 2(\ ) + 5 \\ f(\ ) = 3(\ ) - 1 \end{cases}$$

일 때 $g(f(\ ))$를 구하시오.

규원

$$g(f(\ )) = 2\{f(\ )\} + 5 = 2\{3(\ ) - 1\} + 5$$
$$= 6(\ ) - 2 + 5 = 6(\ ) + 3$$

삼촌   그럼 $f(\ )$, $g(\ )$가 위와 같을 때 $f(g(\ ))$를 구해보렴.

현진

$$f(g(\ )) = 3\{g(\ )\} - 1 = 3\{2(\ ) + 5\} - 1$$
$$= 6(\ ) + 15 - 1 = 6(\ ) + 14$$

규원   앗, $g(f(\ ))$와 $f(g(\ ))$는 값이 같을 것 같았는데, 아니네요!

삼촌   눈치챘구나. 꼭 기억하렴. 두 함수를 연결할 때 순서가 바뀌면, 나오는 결과물이 달라진다는 걸. 물론 어쩌다 우연히 같을 때도 있지만 말야.

현진 $f(\ ) = (\ )^2$과 $g(\ ) = (\ ) + 1$ 에서는 어떨까요?

$$g(f(\ )) = \{f(\ )\} + 1 = \{(\ )^2\} + 1 = (\ )^2 + 1$$
$$f(g(\ )) = \{g(\ )\}^2 = \{(\ ) + 1\}^2 = (\ )^2 + 2(\ ) + 1$$

이때도 역시 $g(f(\ ))$와 $f(g(\ ))$는 다르네요.

규원   하지만 $f(\ ) = 2(\ )$, $g(\ ) = 3(\ )$일 때는 같아요.

$$g(f(\ )) = g\{2(\ )\} = 3\{2(\ )\} = 6(\ )$$
$$f(g(\ )) = f\{3(\ )\} = 2\{3(\ )\} = 6(\ )$$

이때는 $g(f(\ )) = f(g(\ ))$예요.

현진   하지만 그렇게 되는 건 드물어.

$f(\ )$를 조금 바꿔서 $f(\ )=2(\ )$ 대신 $f(\ )=2(\ )+1$ 로만 해도 벌써 달라져.

$$g(f(\ ))=3\{2(\ )+1\}=6(\ )+3$$
$$f(g(\ ))=2\{3(\ )\}+1=6(\ )+1$$

내 말 맞지?

삼촌   그래. 잘 파악했구나. 이제 다음 연습문제를 해 보렴.

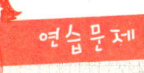

연습문제

1. 다음 두 함수 $f(\ )$, $g(\ )$에서 $g(f(\ ))$와 $f(g(\ ))$를 구하시오.

$f(\ )$	$g(\ )$	$f(g(\ ))$	$g(f(\ ))$
$2(\ )-3$	$(\ )^2$		
$(\ )^3$	$(\ )-1$		
$-(\ )$	$-(\ )^3+2$		
$-4(\ )+1$	$3(\ )^2$		

••• 다변수 함수의 연결

규원   지금까지 1변수 함수의 연결을 봤는데요. 2변수, 3변수 함수
도 마찬가지로 연결할 수 있나요?

삼촌   물론이지. 다음과 같은 두 개의 검은 상자가 있다고 하자.
입력은 왼쪽으로 들어오고 출력은 오른쪽으로 나가는 것으
로 하자. 왼쪽에 있는 n개의 입구를 통해 x_1, x_2,⋯, x_n이 들
어와서, m개의 출구를 통해 y_1, y_2,⋯, y_m이 나오는 함수야. 그
리고 이 y_1, y_2,⋯, y_m이 오른쪽 상자의 m개의 입구로 들어가
서 l개의 출구로 z_1, z_2, ⋯, z_l이 돼서 나오는 거야.

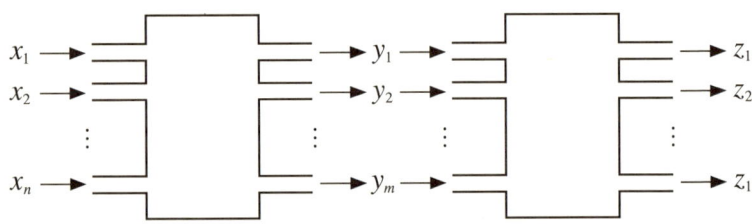

현진   식으로 쓰면 이렇게 되겠네요?

$$
\text{왼쪽 상자}
\begin{cases}
y_1 = f_1(x_1, x_2,\cdots, x_n) \\
y_2 = f_2(x_1, x_2,\cdots, x_n) \\
\qquad\cdots \\
y_m = f_m(x_1, x_2,\cdots, x_n)
\end{cases}
$$

$$\text{오른쪽 상자}\ \begin{cases} z_1 = g_1(y_1, y_2, \cdots, y_m) \\ z_2 = g_2(y_1, y_2, \cdots, y_m) \\ \qquad \cdots \\ z_l = g_l(y_1, y_2, \cdots, y_m) \end{cases}$$

삼촌   잘 하는데? 그럼 연결하면 어떻게 될까?

규원   오른쪽 상자에 있는 $y_1,\ y_2, \cdots,\ y_m$ 대신에 $f_1(x_1, x_2, \cdots, x_n)$, $f_2(x_1, x_2, \cdots, x_n)$, $f_m(x_1, x_2, \cdots, x_n)$을 대입하면 되겠지요.

$$\begin{cases} z_1 = g_1(f_1(x_1, x_2, \cdots, x_n),\ f_2(x_1, x_2, \cdots, x_n),\ \cdots,\ f_m(x_1, x_2, \cdots, x_n)) \\ z_2 = g_2(f_1(x_1, x_2, \cdots, x_n),\ f_2(x_1, x_2, \cdots, x_n),\ \cdots,\ f_m(x_1, x_2, \cdots, x_n)) \\ \qquad\qquad \cdots\cdots \\ z_l = g_l(f_1(x_1, x_2, \cdots, x_n),\ f_2(x_1, x_2, \cdots, x_n),\ \cdots,\ f_m(x_1, x_2, \cdots, x_n)) \end{cases}$$

그러면 $z_1, z_2, \cdots, z_l$을 $x_1, x_2, \cdots, x_n$으로 나타낼 수 있어요.

현진   결국 중간에 있는 $y_1, y_2, \cdots, y_m$은 없어지는 거네.

삼촌   잘했어. 그럼 이 문제도 풀어보렴.

$$\begin{cases} y_1 = x_1^2 - 2x_2 + x_3 \\ y_2 = x_1 + x_2^2 - 4x_3 \end{cases}$$

$$\begin{cases} z_1 = y_1 + 2y_2 \\ z_2 = 2y_1 - y_2 \end{cases}$$

규원   계산만 정신차리고 하면 되지요.

$$\begin{aligned} z_1 &= y_1 + 2y_2 = (x_1^2 - 2x_2 + x_3) + 2(x_1 + x_2^2 - 4x_3) \\ &= x_1^2 + 2x_1 + 2x_2^2 - 2x_2 - 7x_3 \end{aligned}$$

$$z_2 = 2y_1 - y_2 = 2(x_1^2 - 2x_2 + x_3) - (x_1 + x_2^2 - 4x_3)$$
$$= 2x_1^2 - x_1 - x_2^2 - 4x_2 + 6x_3$$

결국,

$$\begin{cases} z_1 = x_1^2 + 2x_1 + 2x_2^2 - 2x_2 - 7x_3 \\ z_2 = 2x_1^2 - x_1 - x_2^2 - 4x_2 + 6x_3 \end{cases}$$

삼촌   다음 문제도 해 보렴.

$$\begin{cases} y_1 = -x_1 + 3x_2 \\ y_2 = 2x_1 - x_2 \\ y_2 = 3x_1 + 2x_2 \end{cases}$$

$$\begin{cases} z_1 = 3y_1 - 2y_2 + 3y_3 \\ z_2 = -y_1 + y_2 - 2y_3 \end{cases}$$

현진   이것도 대입하는 계산이네요.

$$z_1 = 3y_1 - 2y_2 + 3y_3 = 3(-x_1 + 3x_2) - 2(2x_1 - x_2) + 3(3x_1 + 2x_2)$$
$$= (-3 - 4 + 9)x_1 + (9 + 2 + 6)x_2 = 2x_1 + 17x_2$$
$$z_2 = -y_1 + y_2 - 2y_3 = -(-x_1 + 3x_2) + (2x_1 - x_2) - 2(3x_1 + 2x_2)$$
$$= (1 + 2 - 6)x_1 + (-3 - 1 - 4)x_2 = -3x_1 - 8x_2$$

그러므로,

$$\begin{cases} z_1 = 2x_1 + 17x_2 \\ z_2 = -3x_1 - 8x_2 \end{cases}$$

●●● 함수의 사칙연산

현진 삼촌, 그럼 여러 함수들을 조합해서 더 복잡한 함수를 만드는 것도 가능하겠네요?

삼촌 예를 들어 2변수 함수 $F(y, z) = y + z$가 있다고 해보자.

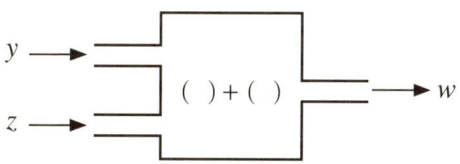

그런데 이 y나 z도 어떤 것들의 결과물이었던 거지. y는 x를 제곱해서 나온 것이고, z는 x를 세제곱해서 나온 것인 거지. 이렇게 말야.

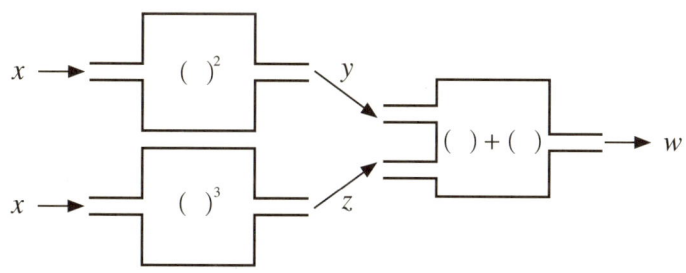

규원 멋지네요. 이렇게 여러 장치를 조합해서 하나의 장치를 만드는 거군요.

함수의 연결 **105**

삼촌 x^2과 x^3 대신에 $f(x)$, $g(x)$를 이용해서 좀 더 일반적으로 표현하면 이렇게 쓸 수 있겠지.

$$\begin{cases} f(x) = x^2 \\ g(x) = x^3 \end{cases}$$

$$w = F(f(x),\ g(x)) = f(x) + g(x)$$

규원 $f(x)$와 $g(x)$를 +로 연결해서 새로운 함수 $f(x) + g(x)$를 만든 거네요. 그러면 + 대신 −, ×, ÷로 연결할 수도 있겠지요?

삼촌   그렇게 되면 어떤 함수가 나올까?

규원 $f(x) - g(x)$, $f(x) \times g(x)$, $\dfrac{f(x)}{g(x)}$이겠지요.

현진   결국 +, −, ×, ÷라는 네 종류의 조합 방식이 있다는 거네요.

사상, 변환으로서 **함수**

● ● ●　**무엇을 넣어야 할까?**

삼촌　그런데 말야. 검은 상자에 아무거나 넣을 수 있을까? 어떤 상 자에는 아무거나 넣을 수 있지만, 어떤 상자에는 제한이 있 을 수도 있잖아.

현진　맞아요. 음료수 자동판매기 중에는 천 원짜리만 넣을 수 있 고, 오만 원짜리는 안 들어가는게 있어요. 넣어도 인식을 못 하죠.

삼촌　맞아. 그런 경우에 자동판매기 주인은 "천 원이나 동전만 넣 어 주세요"라고 적어놓기도 하지. 사람들이 아무거나 넣으면 안 되니까.

규원　거슬러줄때도 마찬가지예요. 어떤 기계는 동전으로만 거슬 러주고, 어떤 기계는 지폐도 가능하죠.

삼촌	맞아. 함수에서도 똑같아. 검은 상자의 입구에 넣을 수 있는 것들에는 제한이 있어. 넣을 수 있는 것들을 그 상자의 '정의역'이라고 부른단다.
현진	그렇다면 정의역은 뭔가 물건의 모임인가요?
삼촌	그렇지. 검은 상자에 들어갈 수 있는 것의 모임이야.
규원	집합이네요.
현진	"검은 상자에 입력할 수 있는 것들을 모은 집합이 정의역이다." 이거지요?
규원	그럼 출력도 뭔가 제한을 두지 않으면 공평하지 않을 것 같아요.
삼촌	물론 수학은 불공평한 걸 싫어하지. 출구로 나올 수 있는 것 역시 한계가 있어. 그렇게 출력 가능한 것들의 집합을 '공역'이라고 부른단다. 그리고 출력된 결과물들의 집합을 '치역'이라고 하지.
현진	그렇구나.
삼촌	정의역과 치역을 자루라고 생각하면 생각하기 쉬워. '정의역의 자루에 있던 x가 장치 $f(\ )$ 안으로 들어가 y로 되어 치역의 자루 속으로 들어간다' 라고 생각해보는 거지.

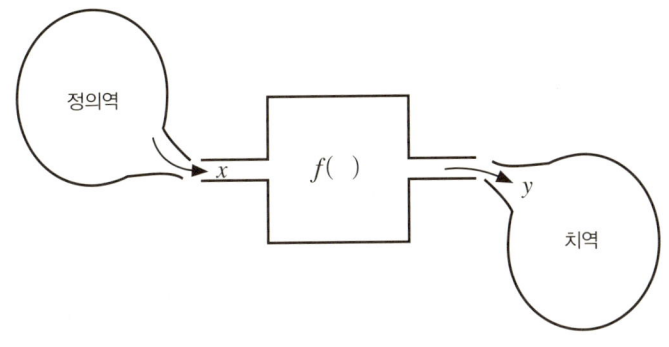

규원   지금까지 했던 것과 비슷하네요. 자루가 더 추가된 거고요.

삼촌   뭐, 그런 셈이지. 자루에 넣는 쪽이 정리가 돼서 좋잖아. 정의
           역과 치역의 자루가 양쪽 모두 투명한 비닐자루라고 하면 다
           음과 같이 그릴 수 있겠다.

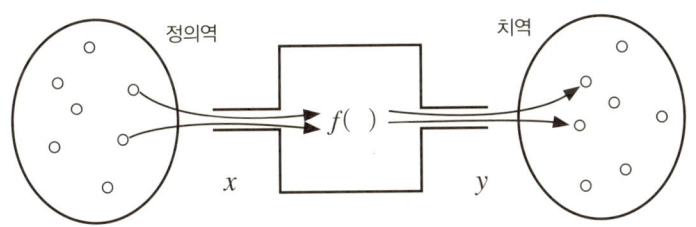

규원   화살표로 "무엇을 넣으면 무엇이 나온다"를 표현한 거군요.

삼촌   정의역이라는 집합에 속한 하나의 원소 x가 치역이라는 집
           합에 속한 하나의 원소 y와 한 개의 화살표로 연결되어 있는
           데, 이러한 관계를 놓고 "x에 y가 ~한다"라고 말하는데…….

현진 "x에 y가 대응한다"예요.

삼촌 맞아. '대응'이라는 말은 수학에서 이런 경우에 사용하기로 약속한 공식 용어란다. 이때 $f(\ )$는 그 대응의 방식을 정한 것이라고 할 수 있어.

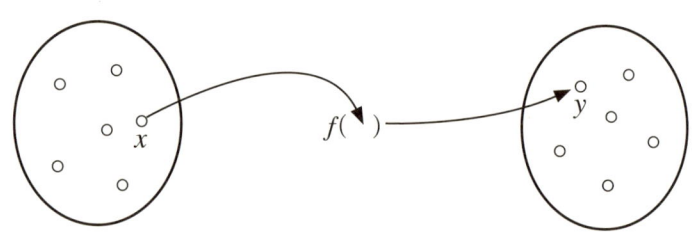

●●● **함수는 카메라다**

현진 $f(\ )$는 뭔가 카메라 같아.

규원 정말 그래. 정의역은 찍히는 것, 즉 피사체이고, 치역은 필름에 해당하는 것 같아.

삼촌 카메라라니, 좋은 생각이구나. $f(\ )$는 정말 카메라라고 볼 수 있어. 그러고보면 수학의 세계에서는 '상이 맺힌다'는 의미를 가진 단어 '사상'을 써서 함수를 표현하기도 해. "x가 $f(x)$라는 사상에 의해 y가 된다"라고 말하기도 하거든.

규원 카메라라고 생각하니 느낌이 확실하게 오는 것 같아요.

현진 함수는 결국 찍어서 상을 맺게 하는 카메라라고 말해도 좋겠네요.

규원 정의역은 그 카메라가 볼 수 있는 시야의 범위이지요. 그러니까 시야 밖에 있는 사람은 $f(\ )$에 찍힐 수가 없죠.

현진 치역은 필름에 찍힌 상이군요.

삼촌 피사체를 카메라 $f(\ )$로 필름에 찍은 다음, 그것을 슬라이드로 하여 영사기 $g(\ )$로 스크린에 옮긴다면? 그게 바로 아까 공부했던 $g(f(\ \ ))$ 함수가 되겠지.

다시 함수 $f(\ )$로 돌아가서, 함수는 피사체를 필름 위에 맺히는 상으로 바꿔주는 것이니까 '변환'이라는 말로도 표현할 수 있단다.

규원 그러면 함수 $f(\ )$는 '변환기'라고도 말할 수 있겠어요.

현진 사상이라는 말을 가지고 생각하면 $f(\ )$는 '사상기'라고도 할 수 있겠네요.

삼촌 맞아. 함수는 경우에 따라서 '대응'이라고도 할 수 있고, '사상'이라고도 할 수 있고, 또 '변환'이라고도 할 수 있단다. 이런 말들은 의미가 아주 조금씩 다르지만 수학적으로는 모두 함수라고 말할 수 있어.

역함수

● ● ● $x = f^{-1}(y)$

삼촌 $y = f(x)$

는 $f(\quad)$라는 함수, 즉 검은 상자에 x라는 입력이 들어가서 y라는 출력이 되어 나온다는 의미야.

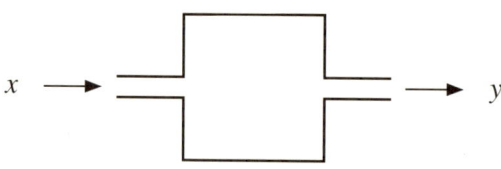

x가 먼저 결정되면 그에 따라서 y가 정해진다는 거지.

그런데 거꾸로 출력 y가 먼저 정해지고 그에 따라 입력 x가 정해지는 경우는 없을까? 결과물을 보고 원래값을 찾는 경우 말이야.

현진 그러면 화살표만 거꾸로 그리면 돼요.

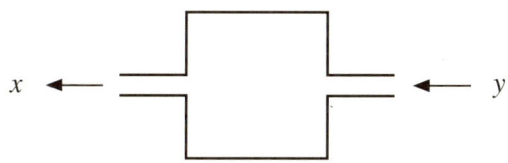

삼촌 일단 그렇게 생각하는 것이 편하겠구나.

이와 같이 y로부터 x가 결정되는 것을 이렇게 써.

$$x = f^{-1}(y)$$

이때 $f^{-1}(\ )$를 '$f(\ )$의 역함수'라고 한단다. 예를 들어

$$y = f(x) = 2x + 5$$

라면 그것의 역함수 $f^{-1}(\ )$는

$$y = 2x + 5$$

로부터

$$x = f^{-1}(y)$$

라는 형태의 식을 바꾸면 되는 거야.

규원 그렇다면

$$y = 2x + 5$$

를 x에 대해서 풀면 되겠네요. '$x = \cdots$'라는 형태의 식으로
만들면 되죠.

$$y - 5 = 2x$$

$$2x = y - 5$$

$$x = \frac{y-5}{2} = \frac{(y)-5}{2}$$

즉

$$f^{-1}(\ ) = \frac{(\ )-5}{2}$$

가 되는군요.

삼촌   그렇지. 즉

$$y = f(x)$$

라는 식으로부터 그 식을 잘 변형해서 '$x = \cdots$'라는 식을 이끌어내면 역함수가 구해지는 거야. 그럼 다음 연습문제를 해보렴.

연습문제

1. 다음 함수 $y = f(x)$의 역함수를 구하시오.

(1) $y = -3x - 1$

(2) $y = ax + b$

(3) $y = \dfrac{2x-3}{5x+6}$

(4) $y = \dfrac{ax+b}{cx+d} \ (ad - bc \neq 0)$

● ● ●   ( )²의 역함수를 구하는 법

삼촌   이런 문제를 생각해 보렴.

       "정사각형의 넓이가 $y\,cm^2$일 때 한 변의 길이 $x\,cm$를 구하시오."

규원   한 변의 길이 $x\,cm$로부터 정사각형의 넓이 $y\,cm^2$를 구하려면

$$x^2 = y$$

       라는 공식이 있으니까 이것을 거꾸로 사용하면 될 것 같아요.

삼촌   계속 해 보렴.

현진 y의 제곱근을 구하면 돼요.

$$x = \sqrt{y}$$

규원   그러니까 ( )²이라는 함수의 역함수는 $\sqrt{()}$예요.

삼촌   그럼 $\sqrt{y}$ 값이 어느 정도 인지 알려면 어떻게 해야 하지? 예를 들어 y가 3이나 5 같은 것들은 $\sqrt{}$를 씌웠을 때 값이 어떻게 되는지 잘 모를 것 같은데?

현진   그래프를 사용하면 대충 알 수 있어요. 먼저 $y = x^2$의 그래프를 그려요. 그러면 이렇게 돼요.

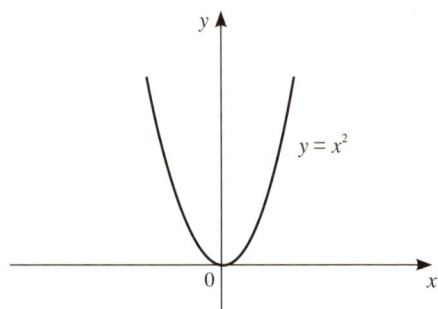

삼촌   이 그래프, 이름이 있었던 것 같은데?

규원   포물선이에요. 지상에서 물건을 던졌을 때 물건이 그리는 곡
　　　　선이에요. 물론 이 경우는 거꾸로 세운 거예요.

삼촌   'x로부터 y가 결정'되는 경우는 이런 식으로 y를 찾으면 돼.
　　　　먼저 가로축 위에 x점을 정한 다음 그 점에서 수직선을 세워
　　　　그 수직선이 포물선과 만나는 점에서 수평선을 긋는거야. 그
　　　　랬을때 그 수평선이 세로축과 만나는 점이 바로 y야.

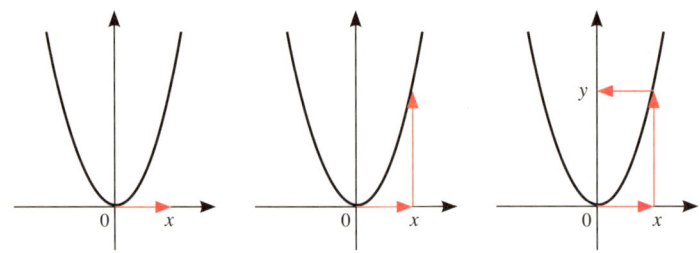

역함수는 그것을 거꾸로 하는 거지. 우선 세로축 위에 y 점을 정한 후 거기서부터 수평선을 그어 포물선과 교차시켜.

현진   그렇게 하면 세로축을 가운데 두고 양쪽 두 점에서 포물선과 만나게 되는데요?

삼촌   그러면 두 점 모두에서 수직선을 그어봐. 그때 가로축과 만나는 점이 x야.

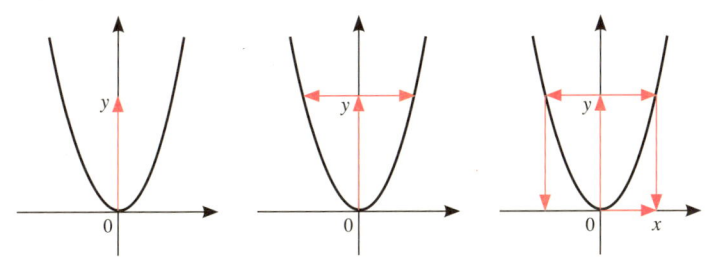

x가 두 개 되었는데 이제 어떻게 해야 할까?

현진   +쪽을 x로 한다면 −쪽은 −x가 되겠죠.

규원   하나의 y로부터 두 개의 x가 나오니까 성가신데요.

삼촌   그럴 때에는 플러스 쪽 값을 $\sqrt{y}$로 표시하고 마이너스 쪽 값은 $-\sqrt{y}$로 표시하는 거야. 플러스 쪽은 $+\sqrt{y}$라고도 쓸 수 있으니까,

$$\pm\sqrt{y}$$

라고 쓰면 양쪽을 동시에 표현할 수 있지.

규원 $y = 4$라면 $4 = (x)^2$ 안에 들어가는 x는 ± 2라는 것을 바로 알

수 있는데, $y = 3$이라면,

$$3 = (x)^2$$

에 해당되는 x, 즉 $\sqrt{3}$ 은 얼마나 큰 수인지 선뜻 느낌이 안

오는데요.

$x = 1$이라고 하면 $(1)^2 = 1$이 되어 3에는 부족하고, $x = 2$라고

하면, $(2)^2 = 4$가 되어 3보다 커진다는 건 분명한데 말이지요.

현진   그렇다면 $\sqrt{3}$ 은 1과 2의 사이에 있는 수라는 얘긴데……

삼촌   포물선 그래프를 가능한 한 정확하게 그려서 $\sqrt{3}$ 을 구해보렴.

규원   해볼게요.

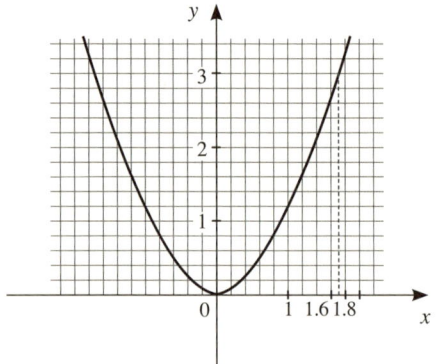

그림에서 보면 1.6과 1.8 사이에 있어요. 즉 $\sqrt{3}$ 는 1.6보다

는 크고 1.8보다는 작은 수 같아요.

$$1.6 < \sqrt{3} < 1.8$$

삼촌   그래프에서 구하면 간단하긴 하지만 정확한 답은 못 구하지.

현진   그래프에 의한 계산은 임시방편밖에 안 되겠군요.

삼촌   그렇다면 이제 더 정확한 답이 나오는 방법을 연구해보자.

이차함수

제곱근

삼촌　재미 삼아 임의의 수 n의 제곱근을 계산하는 장치를 만들어

보자.

다음 그림처럼 직각이등변삼각형을 거꾸로 세워놓은 모양을

한 그릇을 만드는 거야. 이때 삼각형 모양의 그릇 앞뒤 벽 사

이 간격은 1cm로 한다. 이 그릇에 물을 부었을 때 수면의 높

이(=깊이)가 $x$cm라면 물의 부피 $y$cm³은 어떻게 될까?

규원　수면의 높이가 x가 된다면 수면의 너비는 $2x$가 되겠네요. 그

렇다면 이때 직각이등변삼각형의 넓이는

$$\frac{1}{2} \times x \times 2x = x^2 (\text{cm}^2)$$

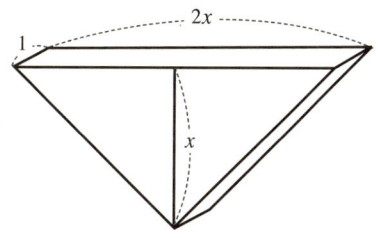

그런데 두 벽 사이의 간격이 1cm니까, 물의 부피는

$$x^2 \times 1 = x^2 (\text{cm}^3)$$

그러니까

$$y = x^2$$

이고, 그러니까

$$x = \sqrt{y}$$

가 되네요.

아, 그러니까 예를 들어 $\sqrt{3}$을 알고 싶으면 3cm³의 물을 수면의 높이 x가 얼마인지 재면 되겠네요. 그 높이 x가 곧 $\sqrt{3}$이고요.

삼촌 그렇지. 잘 생각해냈구나. 이런 모양의 그릇에 수면의 높이를 알 수 있게 눈금이 그려져 있다면 제곱근의 값은 얼마든지 추측할 수 있겠지? 3cm³ 물을 넣고 수면의 높이를 재면 $\sqrt{3}$이고, 5cm³ 물을 넣으면 수면이 $\sqrt{5}$ 위치에 올 테고, 이런 식으로 눈금에 표시될 테니까.

삼촌 그런데 말이야, $\sqrt{3}$ 이 대략 어느 정도 값인지 계산할 수 없을까? 높이가 $\sqrt{3}$ 이라면 눈금에서 대략 어느 부분일까?

현진 다른 것들이랑 비교해서 생각하면 될 것 같아요. 예를 들어 물의 깊이 x 가 1cm이 되도록 물을 부으면 물의 부피 x^2 은 1cm³이 되므로 3cm³에 못 미쳐요. 그러므로 $\sqrt{3}$ 은 1보다 큰 수일 거예요.

규원 하지만 물의 깊이 x 가 2cm이 되도록 물을 부었다면 물의 부피 x^2 은 4cm³가 되어 3cm³보다 커지니까 $\sqrt{3}$ 은 2보다 작다는 것을 알 수 있어요. 그러니까 크기가 이런 순서예요.

$$1 < \sqrt{3} < 2$$

삼촌 그럼 3cm³물 중 우선 1cm³만큼만 용기에 넣어보자.

현진 깊이 1cm가 되었어요.

삼촌 물은 얼마 남아 있지?

규원 $3 - 1 = 2 \,(\text{cm}^3)$ 남았어요.

현진 남은 물 2cm³을 모두 부으면 수면이 1cm와 2cm 사이에 오게 돼요.

삼촌 그래, 좋아. 그러면 $\sqrt{3}$ 이 1과 2 사이라는 걸 알았으니 더 자세하게 가보자. $\sqrt{3}$ 은 1.0, 1.1, 1.2, …, 1.8, 중에 어떤 수에 더 가까울까? 여기서 1과 2 사이의 눈금을 소수점 한 자리까지 세세하게 표시해보자.

현진   1.0, 1.1, 1.2, …, 1.8, 1.9, 2.0로 쓰면 되겠네요.

먼저 높이 1cm인 물에 추가로 물을 넣어보자. 높이 $t$cm만큼
물을 더 넣었다면 물의 부피는 얼마나 더 늘어났을까?

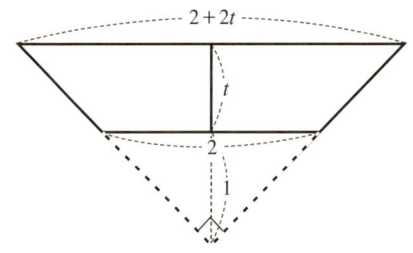

현진   음, 추가된 물은 사다리꼴이에요. 사다리꼴의 밑변은 2cm이
고, 윗변은 삼각형의 높이가 $(1 + t)$cm가 되니까 그 두 배인
$(2 + 2t)$cm가 되죠. 사다리꼴의 높이는 추가된 물의 깊이 $t$cm
와 같으니까, 사다리꼴의 넓이는

$$\frac{1}{2} \times \{(2 + 2t) + 2\} \times t = (1 + 1 + t)t = (2 + t)t \,(\text{cm}^2)$$

두 벽 사이의 거리가 1cm이니까 추가된 물의 부피는 그대로
$(2 + t)t \,\text{cm}^3$. 이것이 $2 \,\text{cm}^3$과 같아지면 되는 거죠.

$$(2 + t)t = 2$$

삼촌   이때 t를 대충 0.8이라고 보고 계산하면

$$(2 + 0.8) \times 0.8 = 2.8 \times 0.8 = 2.24$$

로 약간 크고, $t = 0.7$이라고 보고 계산하면

$$(2 + 0.7) \times 0.7 = 2.7 \times 0.7 = 1.89$$

로 약간 작구나.

그러니까 t는 0.7과 0.8 사이 어디엔가에 있겠지.

$$0.7 < t < 0.8$$

그럼 이제 남은 물 2cm³을 가지고 눈금의 1.7 부분까지 수면이 올라오도록 물을 넣어보자. 그러면 이제 남은 물은

$$2 - 1.89 = 0.11$$

이 되겠지.

자, 이제 이번에는 0.7과 0.8 사이를 다시 10등분하여 더 세세한 눈금을 만들어보자.

아까 했던 과정을 반복하는 거야. 다시 남은 물을 부었을 때 추가되는 높이를 t'라고 하면, 추가되는 사다리꼴의 밑변은 높이 $(1 + 0.7)$cm인 직각이등변삼각형의 밑변의 길이와 같으니까 $2 \times (1 + 0.7) = 2 + 0.7 + 0.7 = 2.7 + 0.7$cm 라고 표현할 수 있어. 여기에 아까 우리가 만든 식 있지? 더 들어가는 물의 부피(사다리꼴의 부피)를 구하는 식 $(2 + t)t$, 즉 '(밑변의 길이 + 추가되는 깊이) × 추가되는 깊이'를 적용하면, 추가되는 사다리꼴의 부피는,

$$(2.7 + 0.7 + t')t' = (3.4 + t')t' = 0.11$$

여기서 t'를 구하면

$$0.03 < t' < 0.04$$

가 돼.

이런 식으로 차례차례 나머지를 계속해서 세분하며 구해나가는 거야.

이게 바로 $\sqrt{3}$ 을 소수로 구하는 방법인데 한번 보렴.

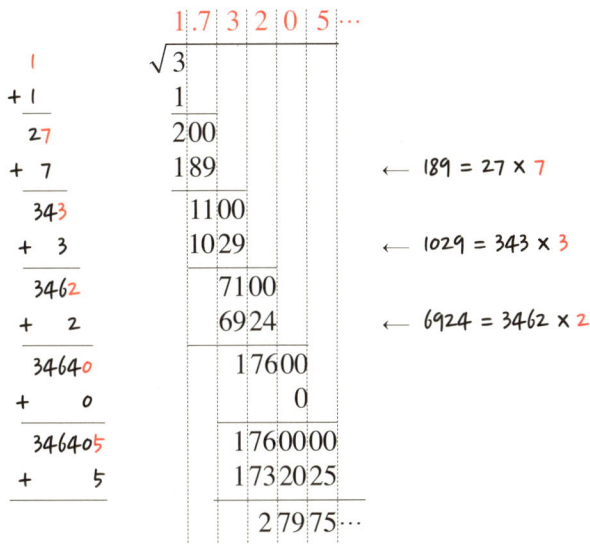

나누기를 계산할 때와 비슷해. 양쪽은 가운데 계산을 도와주는 역할이야. 방법은 이래.

① 우선 $1^2 < 3 < 2^2$ 이니까 1을 세워. 왼쪽에도 1을 쓴 다음 똑같은 수를 아래에 쓰고 더해.

② $3 - 1^2$ 을 계산해.

③ 그 결과 2가 구해지면 소수점 이하 두 자리까지를 아래에
내려서 2.00으로 만들어.

④ $(1 + 1 + t)t = 2.00$을 만족하는 t의 근삿값을 구하기 위해
t를 0.7정도로 잡고 7을 세워. 이 7의 두 배를 만들기 위
해 같은 7을 거듭 더해.

⑤ 2.00 − 2.7 × 0.7을 계산해.

⑥ 그 결과 0.11이 구해지면 또 소수점 이하 네 자리까지를
내려서 0.1100으로 해.

이런 방법을 계속하다 보면 $\sqrt{3} = 1.73205\cdots$ 라고 값이 구해
지지.

현진 나눗셈보다 조금 까다롭군요. 두 자리씩 아래로 내리는 거
네요.

삼촌 그래. 계산이 좀 많긴 하지만 이런 방법으로 얼마든지 제곱근
의 값을 구해볼 수 있어. 나중에 또 다른 방식으로 제곱근의
값을 구하는 것들도 배우게 되겠지만 말이야. 432.8356 같
은 소수점을 갖는 수의 제곱근을 구할 경우에는 4|32.83|56
같이 소수점을 기준으로 두 개씩 구획을 나눠가며 해 보렴.
그럼 다음 문제를 볼래?

1. 다음 제곱근을 구하시오. (소수점 이하 네 자리까지)

$$\sqrt{2}, \sqrt{5}, \sqrt{6}, \sqrt{7}, \sqrt{10}, \sqrt{2.56}$$

이차방정식

삼촌	$$y = f(x) = ax^2 + bx + c \, (a \neq 0)$$

은 이차함수인데 이것의 역함수는 뭘까?

현진	$$x = f^{-1}(y)$$

의 형태로 하라는 거지요?

삼촌　그래. y를 먼저 정한 뒤에 그에 대응하는 x를 찾는 거야.

규원　일차방정식 때와 같이 생각해볼게요. 잘 될지 어떨지는 모르

겠지만…….

현진　부딪쳐 깨져라, 실패해도 본전이다.

●●● **이차방정식의 근**

규원　먼저 미지수 x를 포함하는 항을 좌변에, 그리고 포함하지 않

는 항을 우변에 따로 모아놓을 거예요.

$$ax^2 + bx = y - c$$

현진 ax^2의 a가 눈에 거슬려.

규원   그럼 a를 지워야지.

삼촌   어떻게 지우지?

규원   전체를 a로 나눠요. 이렇게요,

$$x^2 + \frac{b}{a}x = \frac{y-c}{a} \cdots ①$$

삼촌   앞에서 공부한, 삼각형 그릇에 추가된 물의 부피를 구하는 공식을 기억하지? 여기서 $\frac{b}{a}$가 0보다 크다고 하고, 좌변의 $x^2 + \frac{b}{a}x$를 그 공식에 대응시켜볼 수 없을까?

현진
$$x^2 + \frac{b}{a}x = x(x + \frac{b}{a})$$

그러니까 앞에서 용기에 물을 추가할 때 늘어난 높이 t가 여기서는 x로 표시되었다고 생각하면 이 식은 다음과 같은 사다리꼴의 넓이가 돼요.

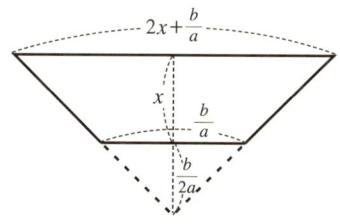

사다리꼴의 밑변의 길이는 $\frac{b}{a}$이고, 윗변은 $2x + \frac{b}{a}$, 높이는

x이에요.

규원   점선으로 둘러싸인 작은 삼각형의 넓이는

$$\frac{1}{2} \times \frac{b}{a} \times \frac{b}{2a} = \frac{b^2}{4a^2}$$

이 돼요.

현진   사다리꼴의 부피 $x^2 + \frac{b}{a}x$에다가 지금 구한 삼각형의 부피를 더하면 총 부피가 나와요. 그러니까 총 부피는 이렇게 계산할 수 있죠.

(사다리꼴 부피) + (작은 삼각형 부피)

$$= (x^2 + \frac{b}{a}x) + \frac{b^2}{4a^2}$$

$$= \frac{y-c}{a} + \frac{b^2}{4a^2} \qquad \cdots \text{①에 의해서}$$

$$= \frac{b^2 + 4a(y-c)}{4a^2} \qquad \cdots \text{②}$$

그런데 총부피는 사다리꼴과 점선으로 둘러싸인 삼각형 전체로 이루어진 커다란 삼각형의 넓이를 구해도 얻어져요. 이 경우 삼각형의 밑변은 $2x + \frac{b}{a}$, 높이는 $x + \frac{b}{2a}$이므로 총 부피는 이렇게 계산할 수 있죠.

$$\frac{1}{2} \times (2x + \frac{b}{a}) \times (x + \frac{b}{2a})$$

$$= (x + \frac{b}{2a}) \times (x + \frac{b}{2a})$$

$$= (x + \frac{b}{2a})^2 \qquad \cdots \text{③}$$

두 가지 방법으로 구한 총 부피(②와 ③)를 같게 두면

$$(x + \frac{b}{2a})^2 = \frac{b^2 + 4a(y-c)}{4a^2}$$

가 되지요.

이제 양변의 제곱근 값을 구하면

$$x + \frac{b}{2a} = \pm\sqrt{\frac{b^2 + 4a(y-c)}{4a^2}}$$

$$x = \frac{-b}{2a} \pm \frac{\sqrt{b^2 + 4a(y-c)}}{2a}$$

$$= \frac{-b \pm \sqrt{b^2 + 4a(y-c)}}{2a}$$

삼촌   잘했어. 그게 역함수

$$x = f^{-1}(y) = \frac{-b \pm \sqrt{b^2 + 4a(y-c)}}{2a}$$

가 되는 거야.

현진   우선 y를 정하고나서 x를 구하는 거군요.

규원 y는 값이 하나라도 x는 $\pm\sqrt{}$ 가 있으니까 y에 대응하는 값

이 두 개가 되겠네요.

삼촌   그렇지. y를 정하면 그래프에서 y로부터 수평한 선을 그어

봐. 만나는 점이 두 개가 될거야. x를 구하는 식이

$$x = \frac{-b}{2a} \pm \frac{\sqrt{b^2 + 4a(y-c)}}{2a}$$

이니까 이 두 점은

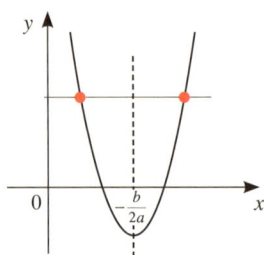

$(\dfrac{-b}{2a}, 0)$으로부터 왼쪽과 오른쪽으로 $\dfrac{\sqrt{b^2+4a(y-c)}}{2a}$ 만큼 떨어진 점이 되는 거야.

현진 이 그래프는 $x = -\dfrac{b}{2a}$ 을 축으로 '선대칭'이 되네요.

삼촌 식을 보고 그런 걸 알아내다니 대단한걸!

규원 이때 $\sqrt{}$ 안이 양이라면 $\sqrt{}$ 는 실수가 되지만, 음이라면 $\sqrt{}$ 는 구할 수가 없나요?

삼촌 그래프가 x축과 만나지 않을 때 $\sqrt{}$ 안이 음이 된단다. 다시 말해 $b^2 + 4a(y-c) < 0$ 이면 그래프가 x축과 만나지 않아.

현진 x축 위로 붕 뜬 모양이 되겠네요!

삼촌 그렇지. 잘 하는데? $\sqrt{}$ 이 음수인지, 0인지, 양수인지에 따라 y의 위치를 알아낼 수 있단다.

규원 으음, 제가 해 볼게요. $\sqrt{}$ 안이 음수인 경우는 말이에요,

$$b^2 + 4a(y-c) < 0$$

그러니까

$$4a(y-c) < -b^2$$

여기서 $a > 0$ 라면, $4a$로 양변을 나눠서,

$$y - c < -\frac{b^2}{4a}$$

$$y < -\frac{b^2}{4a} + c = \frac{4ac - b^2}{4a}$$

이렇게 되고요, $\sqrt{}$ 안이 0이라면,

$$b^2 + 4a(y - c) = 0$$

$$y = \frac{4ac - b^2}{4a}$$

가 돼요.

그리고 $\sqrt{}$ 안이 양수일 때는

$$b^2 + 4a(y - c) > 0$$

$$y > \frac{4ac - b^2}{4a}$$

일 때는 그래프가 x축과 두 점에서 만나요.

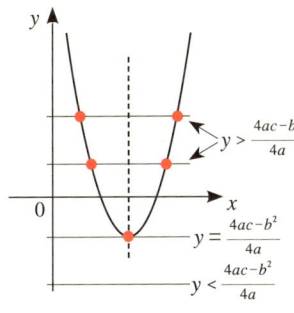

삼촌 $a < 0$이라면 어떻게 될까?

현진 포물선이 뒤집어져서 위로 볼록한 모양이 되겠지요.

삼촌   맞아. 그럼, 그때 포물선의 꼭짓점은 어디에 있을까?

현진

$$x = -\frac{b}{2a}, \; y = \frac{4ac - b^2}{4a}$$

인 점 (x, y)가 포물선의 꼭짓점이에요.

규원 $y = 0$으로 하면

$$ax^2 + bx + c = 0$$

이고, 그때는

$$x = \frac{-b \pm \sqrt{b^2 + 4a(0 - c)}}{2a} = \frac{-b \pm \sqrt{b^2 - 4ac}}{2a}$$

가 되지요.

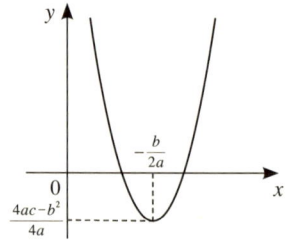

삼촌   이것이 '이차방정식의 근의 공식'이야.

$$x = \frac{-b \pm \sqrt{b^2 - 4ac}}{2a}$$

1. $y = 3x^2 - 2x - 4$일 때, $y = -3, -2, 0, 2, 4$에 대한 x를 구하시오.

2. $y = -x^2 + 3x - 5$일 때, $y = -3, -5, -6$에 대한 x를 구하시오.

3. $y = 2x^2 - 5x + 2$의 대칭축과 그래프를 그리시오.

4. 다음 이차방정식을 푸시오.

   (1) $x^2 - x - 1 = 0$

   (2) $2x^2 + 5x - 6 = 0$

   (3) $-3x^2 + 4x + 2 = 0$

보간법

미지의 함수의 발견

현진
$$y = f(x)$$

는 정해진 함수 $f(\ )$에 독립변수 x를 넣어 종속변수 y를 알

아냈잖아요.

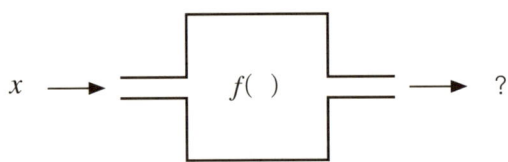

$$x = f^{-1}(y)$$

는 정해진 함수 $f(\ )$에서 결과물인 y를 보고 무엇을 입력했

는지 역추적했고요.

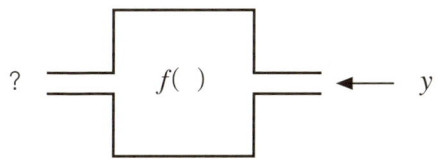

그럼 이번에는 x와 y만 가지고 $f(\ )$를 찾아내는 문제도 풀어보면 좋겠어요.

삼촌 좋지.

규원 미지의 함수를 찾는 문제라니, 재미있을 것 같아요.

삼촌 흠, 어떤 문제가 좋을까? 이건 어때?

"일차함수 $f(\ )$는 $x = x_1$일 때 $y = y_1$, $x = x_2 (x_2 \neq x_1)$일 때 $y = y_2$가 된다. 함수 $f(\ )$를 구하시오."

규원 일차함수니까 그래프를 그리면 직선이 되겠네요.

그리고 $x = x_1$일 때 $y = y_1$이 된다는 것은,

$$y_1 = f(x_1)$$

이라는 것이고, 그래프가 점 $(x_1,\ y_1)$을 지난다는 말이겠지요.

마찬가지로 $x = x_2$일 때 $y = y_2$라면

$$y_2 = f(x_2)$$

로 되고 그 직선이 점 $(x_2,\ y_2)$를 지나요.

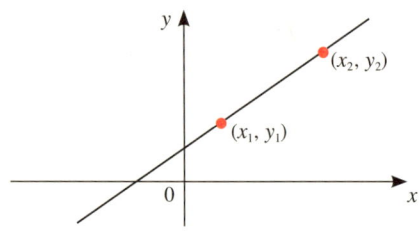

삼촌　그래. 잘 말했다. 이 문제는 결국 두 점 (x_1, y_1), (x_2, y_2)를 통과하는 직선으로 표현되는 함수 $y = f(x)$를 구하라는 문제야. 그것을 풀어보렴.

규원　$f(\ \ )$는 일차함수니까

$$y = f(x) = mx + n$$

이라고 쓸 수 있어요.

삼촌　좋아. 다음은 어떻게 하지?

규원　$y_1 = f(x_1)$,　$y_2 = f(x_2)$를 대입해 볼게요.

$$\begin{cases} y_1 = mx_1 + n & \cdots \text{①} \\ y_2 = mx_2 + n & \cdots \text{②} \end{cases}$$

현진　그렇다면 이것은 미지수 m, n을 구하는 연립방정식이라고 보고 풀면 되겠네요.

삼촌　맞아. 그럼 한번 해 보렴.

규원　① − ②를 하면, n이 없어지고,

$$y_1 - y_2 = m(x_1 - x_2)$$

$x_1 \neq x_2$이니까

$$m = \frac{y_1 - y_2}{x_1 - x_2}$$

이번에는 ① $\times x_2$ − ② $\times x_1$을 하면,

$$y_1 x_2 - y_2 x_1 = n(x_2 - x_1)$$

양변에 (-1)을 곱하면,

$$x_1 y_2 - x_2 y_1 = n(x_1 - x_2)$$

$x_1 \neq x_2$이니까

$$n = \frac{x_1 y_2 - x_2 y_1}{x_1 - x_2}$$

이것을 $y = mx + n$에 대입하면

$$y = f(x) = \left(\frac{y_1 - y_2}{x_1 - x_2} \right) x + \left(\frac{x_1 y_2 - x_2 y_1}{x_1 - x_2} \right)$$

$$= \frac{(y_1 - y_2)x + (x_1 y_2 - x_2 y_1)}{x_1 - x_2}$$

이 돼요.

현진　검토해볼게요.

우선 $f(x)$가 일차함수라는 것은 식의 형태를 보면 알 수 있어요. 그다음으로, 이 함수에 x_1을 입력했을 때 y_1이 나오고 x_2를 입력했을 때 y_2가 나오는지, 즉 $y_1 = f(x_1)$, $y_2 = f(x_2)$인지 확인해볼게요.

$$f(x_1) = \frac{(y_1 - y_2)x_1 + (x_1 y_2 - x_2 y_1)}{x_1 - x_2}$$

$$= \frac{x_1 y_1 - x_1 y_2 + x_1 y_2 - x_2 y_1}{x_1 - x_2}$$

$$= \frac{x_1 y_1 - x_2 y_1}{x_1 - x_2} = \frac{(x_1 - x_2)y_1}{x_1 - x_2} = y_1$$

마찬가지로,

$$f(x_2) = \frac{(y_1 - y_2)x_2 + (x_1 y_2 - x_2 y_1)}{x_1 - x_2}$$

$$= \frac{x_2 y_1 - x_2 y_2 + x_1 y_2 - x_2 y_1}{x_1 - x_2}$$

$$= \frac{x_1 y_2 - x_2 y_2}{x_1 - x_2} = \frac{(x_1 - x_2)y_2}{x_1 - x_2} = y_2$$

이 $f(\ )$가 구하는 함수인 게 확실해요.

규원 　하지만 좀 신경 쓰이는 것이 있어요. 그건 $y_1 = y_2$로 되는 경

우예요. 이때는 $y_1 - y_2 = 0$이니까

$$f(x) = \frac{(y_1 - y_2)x + (x_1 y_2 - x_2 y_1)}{x_1 - x_2} = \frac{x_1 y_2 - x_2 y_1}{x_1 - x_2}$$

가 돼서 x항이 사라져서 상수만 남게 되니 이 경우는 다항식

이 1차가 아니라 0차가 되는 거 아닌가요?

삼촌 　중요한 점을 알아차렸구나.

현진 　엇, 정말 그러네요. $y_1 = y_2$라면 두 점은 x축에서 같은 거리에

있으니 두 점을 잇는 그래프는 x축에 평행한 직선이 되어요.

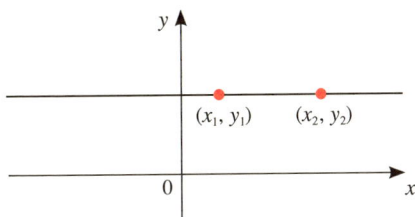

삼촌 그러니까 이 문제는 이렇게 고쳐서 말하는 편이 좋겠지.

"$f(\ )$는 x의 최대 차수가 1차인 다항 함수이며, $x = x_1$일 때

$y = y_1$, $x = x_2$ 일 때 $y = y_2$로 된다. 함수 $f(\ )$를 구하시오."

이렇게 표현하면 0차라도 괜찮은 거야.

그럼 이쯤에서 예제를 해볼까?

$f(-2) = 3$, $f(1) = 4$가 되는 일차함수 $f(\ )$를 구하시오.

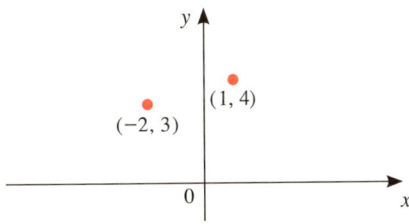

현진 공식에 넣으면 되겠네요.

공식은

$$y = \frac{(y_1 - y_2)x + (x_1 y_2 - x_2 y_1)}{x_1 - x_2}$$

$x_1 = -2$, $y_1 = 3$, $x_2 = 1$, $y_2 = 4$를 대입하면

$$y = \frac{(3-4)x + (-2) \times 4 - 1) \times 3}{-2-1} = \frac{-x-8-3}{-3} = \frac{x+11}{3}$$

규원   검토해볼게요.

일차함수라는 것은 한눈에 알 수 있어요.

다음으로 $f(-2) = 3$, $f(1) = 4$가 되는지 확인해볼게요.

$$f(-2) = \frac{-2+11}{3} = \frac{9}{3} = 3$$

$$f(1) = \frac{1+11}{3} = \frac{12}{3} = 4$$

확실히 이 $f(x)$가 구하는 함수네요.

●●●● **세 점을 통과하는 미지의 함수**

삼촌   다들 잘 하는구나.

이번에는 세 점을 통과하는 함수를 해보자.

규원   이번에는 '이차함수'로 해봐요.

현진   이차함수는

$$y = a_0 x^2 + a_1 x + a_2$$

라고 쓸 수 있겠네요. 이때에는 구해야 할 미지의 계수가 a_0, a_1, a_2 세 개니까, 조건도 세 개가 있어야 풀 수 있을 것 같아요.

삼촌　그럼 이 문제를 풀어보렴.

"$y_1 = f(x_1)$, $y_2 = f(x_2)$, $y_3 = f(x_3)$가 되는 x의 이차함수 $f(\ )$를 구하시오."

규원　우선 $y = f(x) = a_0 x^2 + a_1 x + a_2$라고 하고, 거기에 세 가지 조건을 대입해볼게요.

$$\begin{cases} y_1 = a_0 x_1^2 + a_1 x_1 + a_2 & \cdots \text{①} \\ y_2 = a_0 x_2^2 + a_1 x_2 + a_2 & \cdots \text{②} \\ y_3 = a_0 x_3^2 + a_1 x_3 + a_2 & \cdots \text{③} \end{cases}$$

이것을 a_0, a_1, a_2라는 세 개의 미지수에 대한 연립방정식으로 보고 푸는 거예요.

현진　거기서부터는 내가 풀어볼게.

a_2를 소거하기 위해서 ① − ②를 하면,

$$y_1 - y_2 = a_0(x_1^2 - x_2^2) + a_1(x_1 - x_2)$$

여기서 양변을 $(x_1 - x_2)$로 나누어 볼게.

$$x_1^2 - x_2^2 = (x_1 - x_2)(x_1 + x_2)$$

이니까,

$$\frac{y_1 - y_2}{x_1 - x_2} = a_0(x_2 + x_3) + a_1 \qquad \cdots \text{④}$$

마찬가지로, ② − ③을 하면,

$$\frac{y_2 - y_3}{x_2 - x_3} = a_0(x_1 + x_2) + a_1 \qquad \cdots \text{⑤}$$

a_1을 없애기 위해 ④ − ⑤를 하면,

$$\frac{y_1 - y_2}{x_1 - x_2} - \frac{y_2 - y_3}{x_2 - x_3} = a_0(x_1 - x_3)$$

$$\frac{(y_1 - y_2)(x_2 - x_3) - (y_2 - y_3)(x_1 - x_2)}{(x_1 - x_2)(x_2 - x_3)} = a_0(x_1 - x_3)$$

$$a_0 = \frac{(x_1 - x_2)(y_2 - y_3) - (x_2 - x_3)(y_1 - y_2)}{(x_1 - x_2)(x_2 - x_3)(x_3 - x_1)} \quad \cdots \textcircled{6}$$

a_1을 구하려면, $\textcircled{4} \times (x_2 + x_3) - \textcircled{5} \times (x_1 + x_2)$를 해야 해요.

$$\frac{(y_1 - y_2)(x_2 + x_3)}{x_1 - x_2} - \frac{(y_2 - y_3)(x_1 + x_2)}{x_2 - x_3} = a_1(x_3 - x_1)$$

$$a_1 = \frac{(x_2 + x_3)(x_2 - x_3)(y_1 - y_2) - (x_1 + x_2)(x_1 - x_2)(y_2 - y_3)}{(x_1 - x_2)(x_2 - x_3)(x_3 - x_1)}$$

$$= \frac{(x_2^2 - x_3^2)(y_1 - y_2) - (x_1^2 - x_2^2)(y_2 - y_3)}{(x_1 - x_2)(x_2 - x_3)(x_3 - x_1)}$$

이번에는 a_2를 구해볼게요. $\textcircled{2} \times x_1 - \textcircled{1} \times x_2$를 하면,

$$x_1 y_2 - x_2 y_1 = a_0 x_1 x_2 (x_2 - x_1) + a_2(x_1 - x_2)$$

$$\frac{x_1 y_2 - x_2 y_1}{x_1 - x_2} = a_1 x_1 x_2 + a_2 \quad \cdots \textcircled{7}$$

$\textcircled{3} \times x_2 - \textcircled{2} \times x_3$을 하면,

$$x_2 y_3 - x_3 y_2 = a_0 x_2 x_3 (x_3 - x_2) + a_2(x_2 - x_3)$$

$$\frac{x_2 y_3 - x_3 y_2}{x_2 - x_3} = -a_0 x_2 x_3 + a_2 \quad \cdots \textcircled{8}$$

$\textcircled{8} \times x_1 - \textcircled{7} \times x_3$을 하면,

$$\frac{(x_2 y_3 - x_3 y_2)x_1}{x_2 - x_3} - \frac{(x_1 y_2 - x_2 y_1)x_3}{x_1 - x_2} = a_2(x_1 - x_3)$$

$$a_2 = \frac{x_3(x_2 - x_3)(x_1 y_2 - x_2 y_1) - x_1(x_1 - x_2)(x_2 y_3 - x_3 y_2)}{(x_1 - x_2)(x_2 - x_3)(x_3 - x_1)}$$

삼촌 그것을 원래 식에 넣어보렴.

현진 $y = a_0 x^2 + a_1 x + a_2$

$$= \frac{\{(x_1 - x_2)(y_2 - y_3) - (x_2 - x_3)(y_1 - y_2)\}x^2}{(x_1 - x_2)(x_2 - x_3)(x_3 - x_1)}$$

$$+ \frac{\{(x_2^2 - x_3^2)(y_1 - y_2) - (x_1^2 - x_2^2)(y_2 - y_3)\}x}{(x_1 - x_2)(x_2 - x_3)(x_3 - x_1)}$$

$$+ \frac{x_3(x_2 - x_3)(x_1 y_2 - x_2 y_1) - x_1(x_1 - x_2)(x_2 y_3 - x_3 y_2)}{(x_1 - x_2)(x_2 - x_3)(x_3 - x_1)}$$

● ● ● ● **다항함수의 공식**

규원 헐, 몹시 복잡한 식이네요. 어떻게 좀 간단하게 안 될까요?

삼촌 그런 말이 나올 줄 알았다. 다행히 쉽게 하는 방법이 있지. 공식이 있어.

현진 와, 잘됐다. 가르쳐주세요.

삼촌 그럼 먼저 이런 경우를 생각해보자. x_1, x_2, x_3 중에 하나, 예를 들어 x_1을 빼고 x_2, x_3에서 y값이 0이 되는 이차함수가 있다고 말이야.

규원 그건 식이 어렵지 않아요.

$$y = (x - x_2)(x - x_3)$$

삼촌 맞아. 그런데 그 함수가 x_1에서 y값이 1이 된다면 어떻게 될까? 식에 $(x_1, 1)$을 대입해보렴.

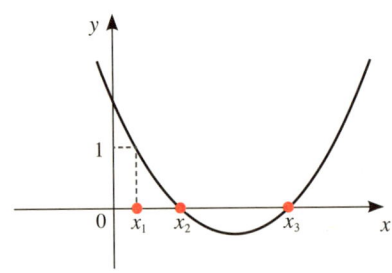

현진 그러면 이렇게 되겠죠.

$$(x_1 - x_2)(x_1 - x_3) = 1$$

삼촌 그럼 말이야. 아까 식이

$$y = (x - x_2)(x - x_3)$$

이라고 했잖아. 거기에 양변을 1로 나눠도 아무 상관없지?

규원 삼촌, 당연한 거 아녜요?

삼촌 1 대신 $(x_1 - x_2)(x_1 - x_3)$로 나눠보자는 거야.

$$y = \frac{(x - x_2)(x - x_3)}{(x_1 - x_2)(x_1 - x_3)}$$

그리고 그것을 $g_1(x)$이라고 하자. 그렇게 하면,

$$\begin{cases} g_1(x_1) = 1 \\ g_1(x_2) = 0 \\ g_1(x_3) = 0 \end{cases}$$

이라는 조건이 성립되겠지. 같은 방법으로 이번엔 $x = x_1$, x_3에서 $y = 0$이 되고, x_2에서 $y = 1$이 되는 함수 $g_2(x)$를 구해보렴.

규원   그러면 $g_2(x)$는 이렇게 나와요.

$$g_2(x) = \frac{(x - x_3)(x - x_1)}{(x_2 - x_3)(x_2 - x_1)}$$

그리고 이때에는 이런 조건이 나오고요.

$$\begin{cases} g_2(x_1) = 0 \\ g_2(x_2) = 1 \\ g_2(x_3) = 0 \end{cases}$$

삼촌   그렇다면 이번에는 $g_3(x_1) = 0$, $g_3(x_2) = 0$, $g_3(x_3) = 1$이 되는 함수는?

현진   이번엔 제가. 헤헤.

$$g_3(x) = \frac{(x - x_1)(x - x_2)}{(x_3 - x_1)(x_3 - x_2)}$$

이 돼요.

이렇게 하면

$$\begin{cases} g_3(x_1) = 0 \\ g_3(x_2) = 0 \\ g_3(x_3) = 1 \end{cases}$$

이 되지요.

삼촌　이제 준비가 됐다. 이들 $g_1(x)$, $g_2(x)$, $g_3(x)$를 토대로 해서

$$\begin{cases} f(x_1) = y_1 \\ f(x_2) = y_2 \\ f(x_3) = y_3 \end{cases}$$

가 되는 함수를 찾을 거야. 어떻게 하면 좋을까?

현진　으아아, 삼촌! 더 쉬운 공식을 가르쳐주겠다고 하시더니! 식
이 더 복잡해진 것 같아요!

삼촌　과정은 그런 것 같지만, 풀고 나면 쉽다는 걸 알게 될 거야.
아까

$$f(x) = a_0 x^2 + a_1 x + a_2$$

이라고 풀었잖니. 이번에는 이차함수를 이렇게 두고 풀어보
는거야.

$$f(x) = c_1 g_1(x) + c_2 g_2(x) + c_3 g_3(x)$$

물론 여기서 c_1, c_2, c_3는 상수가 되겠지.

규원　아하! $g_1(x)$, $g_2(x)$, $g_3(x)$는 최대 차수가 2차니까, 그렇게 두
어도 2차식이 되네요.

현진　아 알겠다. 여기에 $x = x_1$, x_2, x_3를 대입해봐야겠어요.

$$f(x_1) = c_1 g_1(x_1) + c_2 g_2(x_1) + c_3 g_3(x_1)$$

$$= c_1 \times 1 + c_2 \times 0 + c_3 \times 0 = c_1$$

$$f(x_2) = c_1 g_1(x_2) + c_2 g_2(x_2) + c_3 g_3(x_2)$$

$$= c_1 \times 0 + c_2 \times 1 + c_3 \times 0 = c_2$$

$$f(x_3) = c_1 g_1(x_3) + c_2 g_2(x_3) + c_3 g_3(x_3)$$

$$= c_1 \times 0 + c_2 \times 0 + c_3 \times 1 = c_3$$

규원   그러니까 c_1, c_2, c_3 대신에 y_1, y_2, y_3로 놓으면 되는 거군요.

$$f(x_1) = y_1 g_1(x) + y_2 g_2(x) + y_3 g_3(x)$$

$$= \frac{y_1(x-x_2)(x-x_3)}{(x_1-x_2)(x_1-x_3)} + \frac{y_2(x-x_3)(x-x_1)}{(x_2-x_3)(x_2-x_1)} + \frac{y_3(x-x_1)(x-x_2)}{(x_3-x_1)(x_3-x_2)}$$

현진   흠, 이렇게 하니까 한결 편하네요.

삼촌   그럼 다음 문제를 풀어보렴.

$f(-1) = 1$, $f(1) = 2$, $f(2) = 3$이 되는 이차함수 $f(x)$를 구하시오.

규원   위의 공식에,

$$\begin{cases} x_1 = -1 \\ y_1 = 1 \end{cases} \qquad \begin{cases} x_2 = 1 \\ y_2 = 2 \end{cases} \qquad \begin{cases} x_3 = 2 \\ y_3 = 3 \end{cases}$$

을 대입하면 돼요.

$$f(x) = \frac{1(x-1)(x-2)}{(-1-1)(-1-2)} + \frac{2(x-2)(x+1)}{(1-2)(1+1)} + \frac{3(x+1)(x-1)}{(2+1)(2-1)}$$

$$= \frac{(x-1)(x-2)}{6} - \frac{2(x-2)(x+1)}{2} + \frac{3(x+1)(x-1)}{3}$$

$$= \frac{x^2 - 3x + 2 - 6(x^2 - x - 2) + 6(x^2 - 1)}{6} = \frac{x^2 + 3x + 8}{6}$$

현진   검토해볼게요.

$$f(-1) = \frac{(-1)^2 + 3(-1) + 8}{6} = \frac{1 - 3 + 8}{6} = \frac{6}{6} = 1$$

$$f(1) = \frac{1^2 + 3 \times 1 + 8}{6} = \frac{1 + 3 + 8}{6} = \frac{12}{6} = 2$$

$$f(2) = \frac{2^2 + 3 \times 1 + 8}{6} = \frac{4 + 6 + 8}{6} = \frac{18}{6} = 3$$

확실히 $f(x)$는 답으로서 합격이에요.

삼촌   그럼 이쯤에서 숙제를 내주지.

연습문제

1. $f(-2) = -1, f(-1) = 0, f(0) = -2$인 이차함수 $f(x)$를 구하시오.

2. $\varphi(1) = 2, \ \varphi(2) = 1, \ \varphi(4) = 5$인 이차함수 $\varphi(x)$을 구하시오.

3. $g(1) = 3, \ g(2) = 2, \ g(3) = 4$인 이차함수 $g(x)$를 구하시오.

●●● 보충해서 알 수 있는 법

규원 이차함수 $y = f(x)$는 세 개의 x에 대한 y의 값을 알면 정해지는 거군요.

삼촌 그래프로 생각하면 어떻게 될까?

규원 이차함수의 그래프는 x축에 수직인 대칭축을 갖는 포물선이에요. 그런 포물선은 그 선 위의 세 점이 주어지면 하나로 정해져요.

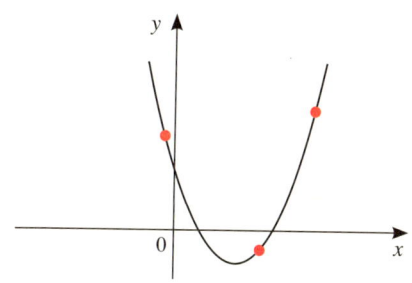

삼촌 처음에는 (x_1, y_1), (x_2, y_2), (x_3, y_3)의 세 점을 통과한다는 것밖에 몰라. x_1, x_2, x_3에 각각 대응하는 함수 값만 알고 있는 셈이지.

$$f(x_1) = y_1, \ f(x_2) = y_2, \ f(x_3) = y_3$$

그런데 앞의 공식을 사용하면 그 사이에 있는 무수한 점의 값을 모두 알게 돼.

현진 그 세 점이 아주 중요하군요.

삼촌　　x_1, x_2, x_3 사이 몰랐던 부분을 '보충해서' 알게 한다. 즉 '사이를 보충한다'는 의미에서 이것을 '보간법'이라고 불러.

규원　　어느 날의 기온을 한 시간마다 재서 그것을 모눈종이에 표시한 다음 그 사이를 곡선으로 잇는 것도 보간법의 일종인가요?

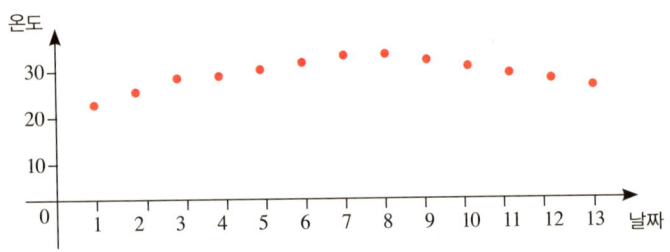

삼촌　　그렇게 말해도 좋겠지.

현진　　그런데 선을 잇는 방식은 사람에 따라 조금씩 다르잖아요.

규원　　맞아. 직선으로 잇는 사람도 있고 부드럽게 구부러진 선으로 잇는 사람도 있을 거 아니에요.

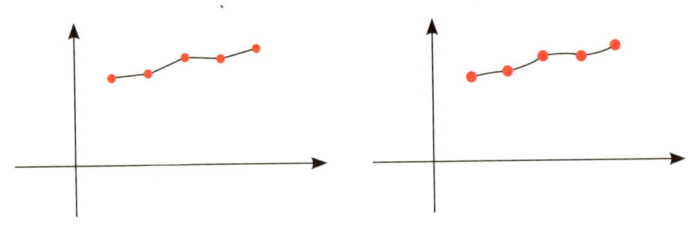

●●● 라그랑주의 보간 공식

규원 하지만 그 함수가 이차함수라는 것을 안다면 마음대로 선을 그릴 수 없을 거야.

현진 그래. 세 개의 점이 정해져 있으면 그 사이 값은 마음대로 바꿀 수 없어.

삼촌 여기서 '이차함수' 대신에 '삼차함수'라는 조건이 있으면 어떻게 될까? 차수가 하나 늘어난 것뿐이니까 같은 방식으로 할 수 있겠지.

현진 우선 구하는 함수 $f(x)$를

$$f(x) = a_0 x^3 + a_1 x^2 + a_2 x + a_3$$

로 놓아볼게요.

규원 미지수가 a_0, a_1, a_2, a_3으로 네 개가 되니까 조건도 네 개 필요하겠네요.

현진

$$\begin{cases} f(x_1) = y_1 \\ f(x_2) = y_2 \\ f(x_3) = y_3 \\ f(x_4) = y_4 \end{cases}$$

라는 조건으로 해요.

규원 이 네 개의 조건을 미지수 a_0, a_1, a_2, a_3에 대한 연립방정식이라고 보고 그로부터 a_0, a_1, a_2, a_3을 구하면 되는 거지요.

$$\begin{cases} a_0 x_1^{\,3} + a_1 x_1^{\,2} + a_2 x_1 + a_3 = y_1 \\ a_0 x_2^{\,3} + a_1 x_2^{\,2} + a_2 x_2 + a_3 = y_2 \\ a_0 x_3^{\,3} + a_1 x_3^{\,2} + a_2 x_3 + a_3 = y_3 \\ a_0 x_4^{\,3} + a_1 x_4^{\,2} + a_2 x_4 + a_3 = y_4 \end{cases}$$

현진 하지만 이 연립방정식에서 그대로 a_0, a_1, a_2, a_3를 구하려면 감당 못할 정도로 귀찮은 계산을 해야 해요. 이차함수 때도 정말 성가셨으니까…….

규원 삼차 때도 이차 때와 같은 편리한 방식으로 풀 수 있지 않을까요?

삼촌 한번 연구해볼까?

규원 x_1, x_2, x_3, x_4에서 y값이 지정되어 있는데 이 네 점 가운데 한 점 이외에서는 모두 0이 되고, 그 한 점에서는 1이 되는 함수를 만들어볼게요.

$$g_1(x_1) = 1, \quad g_1(x_2) = g_1(x_3) = g_1(x_4) = 0$$

으로 되는 삼차함수예요. 아까 이차함수를 구할 때처럼 하면,

$$g_1(x) = \frac{(x-x_2)(x-x_3)(x-x_4)}{(x_1-x_2)(x_1-x_3)(x_1-x_4)}$$

현진 마찬가지로 $g_2(x)$, $g_3(x)$, $g_4(x)$도 만들 수 있어요.

$$g_2(x) = \frac{(x-x_1)(x-x_3)(x-x_4)}{(x_2-x_1)(x_2-x_3)(x_2-x_4)}$$

$$g_3(x) = \frac{(x-x_1)(x-x_2)(x-x_4)}{(x_3-x_1)(x_3-x_2)(x_3-x_4)}$$

$$g_4(x) = \frac{(x-x_1)(x-x_2)(x-x_3)}{(x_4-x_1)(x_4-x_2)(x_4-x_3)}$$

규원   으아아, 네 개의 함수니까 조건이 모두 16개가 되겠네요.

$g_1(x_1) = 1, \quad g_2(x_1) = 0, \quad g_3(x_1) = 0, \quad g_4(x_1) = 0$

$g_1(x_2) = 1, \quad g_2(x_2) = 0, \quad g_3(x_2) = 0, \quad g_4(x_2) = 0$

$g_1(x_3) = 1, \quad g_2(x_3) = 0, \quad g_3(x_3) = 0, \quad g_4(x_3) = 0$

$g_1(x_4) = 1, \quad g_2(x_4) = 0, \quad g_3(x_4) = 0, \quad g_4(x_4) = 0$

현진   이차함수일 때와 거의 같긴 한데……

규원   이 네 개의 함수로부터

$$f(x) = y_1 g_1(x) + y_2 g_2(x) + y_3 g_3(x) + y_4 g_4(x)$$

를 만들면 좋을 것 같아요.

삼촌   이 $f(x)$가 조건을 충족하는지 확인해보렴.

현진 $f(x_1) = y_1 g_1(x_1) + y_2 g_2(x_1) + y_3 g_3(x_1) + y_4 g_4(x_1)$

$\qquad = y_1 \times 1 + y_2 \times 0 + y_3 \times 0 + y_4 \times 0 = y_1$

$\quad f(x_2) = y_1 g_1(x_2) + y_2 g_2(x_2) + y_3 g_3(x_2) + y_4 g_4(x_2)$

$\qquad = y_1 \times 0 + y_2 \times 1 + y_3 \times 0 + y_4 \times 0 = y_2$

$\quad f(x_3) = y_1 g_1(x_3) + y_2 g_2(x_3) + y_3 g_3(x_3) + y_4 g_4(x_3)$

$\qquad = y_1 \times 0 + y_2 \times 0 + y_3 \times 1 + y_4 \times 0 = y_3$

$$f(x_4) = y_1 g_1(x_4) + y_2 g_2(x_4) + y_3 g_3(x_4) + y_4 g_4(x_4)$$

$$= y_1 \times 0 + y_2 \times 0 + y_3 \times 0 + y_4 \times 1 = y_4$$

규원   이차함수를 구할 때와 같네요. 그러니까 4차, 5차일 경우도
       같은 방식으로 하면 될 것 같아요.

현진   4차일 때에는 $g_1(x)$, $g_2(x)$, $g_3(x)$,
       $g_4(x)$, $g_5(x)$를 만들면 되는 거군
       요. 한 점에서만 1이고 다른 네 점
       에서는 모두 0이 되는 함수요.

삼촌   5차, 6차, 7차에서도……, 또 100
       차나 1000차라도 마찬가지야. 이
       방법을 '라그랑주의 보간 공식'이
       라고 한단다.

라그랑주(1736~1813)

규원   라그랑주는 어떤 사람이었어요?

삼촌   프랑스의 대수학자로 미터법의 제정에도 기여했어.

현진   그분이 정말 좋은 방법을 생각해냈네요.

1. $f(-2) = 2$, $f(-1) = 1$, $f(1) = 3$, $f(2) = 5$가 되는 삼차함수 $f(x)$를 구하시오.

2. $g(-2) = 2$, $g(0) = 0$, $g(1) = -1$, $g(2) = 3$이 되는 삼차함수 $g(x)$를 구하시오.

3. $h(0) = 2$, $h(1) = -1$, $h(2) = 1$, $h(3) = -2$가 되는 삼차함수 $h(x)$를 구하시오.

실근과 허근

현진   삼촌, 아까 말이에요. $x = \dfrac{-b \pm \sqrt{b^2 + 4a(y-c)}}{2a}$ 에서 $\sqrt{}$ 안

이 음수라면 실수 x는 존재하지 않는다고 했잖아요. 뭔가 찜

찜해요.

규원   어쩔 수 없잖아. 정말로 없는 거니까.

삼촌   사실 현진이가 아주 중요한 지적을 한거야. 우리가 다루는 수

의 범위를 실수로 한정하면 답이 없긴 한데 수의 범위를 넓

히면 얘기는 달라지지.

규원   실수보다 넓은 수의 범위가 있다고요?

삼촌   그래. 실수가 아닌 수를 '허수'라고 해. x의 범위를 새롭게 생

각하면 $\sqrt{}$ 안이 음수여도 x가 존재해.

현진   어떻게 그럴 수 있죠?

삼촌   이제부터 그게 뭔지 알아보도록 하자. 우선 $x^2 + 1 = 0$이라는

이차방정식을 생각해보자.

규원 이 방정식은 근이 없어요. x^2은 양수이거나 0이지 음수가 될 리가 없어요. 그러니까 $x+1$은 항상 양수잖아요. 0이 될 수가 없어요.

삼촌 "근이 없다"라는 말은 조금 수정해줬으면 싶구나. "실수인 근은 없다"라고 말해야 돼.

현진 $x^2+1=0$는 이렇게 바꿀 수 있죠.

$$x^2 = -1$$

제곱해서 음수가 되는 x가 있다면 그건 실수가 아니니까 수직선 위에는 표시할 수 없겠네요.

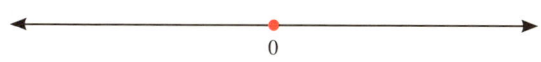

삼촌 맞아. 아직 뭔지 정체를 알 수 없지만 그런 x를 i로 나타내보자. 즉

$$i^2 = -1 \quad \cdots \text{①}$$

이라고 해보자. 현진이 말대로 이 i는 수직선 위에 없어. 그렇다면 도대체 어디에 있는 걸까?

우선 -1이라는 수에 대해서 생각해 보자. 실수에 -1을 곱하면 어떻게 되지?

$$실수 \times (-1)$$

규원   부호가 정반대가 돼요.

삼촌   수직선 위에서 생각해보면 위치가 어떻게 변한 걸까?

현진   수직선에서 0을 가운데 두고 시계 반대 방향으로 $180°$만큼
회전한 곳으로 이동했어요.

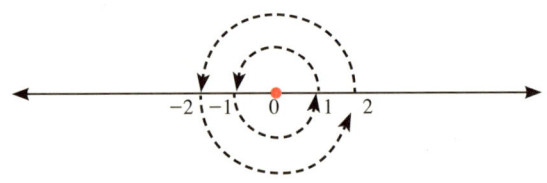

삼촌   회전을 생각하다니 대단한 걸? 실수 $\times (-1)$이 시계 반대 방
향으로 $180°$ 회전한 것이라고 한다면 ①식을 이용해서,

$$실수 \times (-1) = 실수 \times i^{2} = 실수 \times i \times i$$

이니까 i를 두 번 곱하면 시계 반대 방향으로 $180°$ 회전이
되는 거라고 할 수 있겠네? 그럼 i를 한 번 곱했을 때는 어
떻게 되었다고 할 수 있을까?

규원   으흠, 실수 $\times i$는 시계 반대 방향으로 $90°$ 회전했다고 할 수
있을 것 같아요.

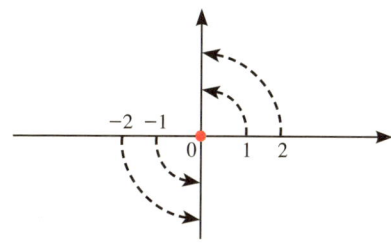

현진 와, 그러면 이건 세로축에 있는 수라고 생각하면 되겠네요!
헐, 그러면 이 수는 실수가 아니네? 가로축 수직선에 없으니
까. 삼촌, 이런 수가 있어요?

삼촌 현진이 말대로 실수 × i는 세로축인 수직선 위에 있는 수야.
이때까지 공부했던 실수와는 다르지만 이런 수도 있단다.

규원 그럼 i는 어디 있는 걸까요?

현진 $1 \times i = i$이니까 가로로 뻗은 수직선 위에 있는 1이 시계 반대
방향으로 $90°$ 회전한 곳에 있겠지.

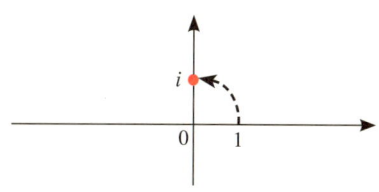

규원 그림에서는 세로축 위에서 1인 점이군요.

현진 정말 실수를 표시하는 수직선으로부터 빠져나와 있어요.

삼촌	그런 수를 '허수'라고 불러.
규원	$2i$, $3i$, … 등도 허수이겠네요.
삼촌	그래.
현진	$3 + 2i$도 역시 허수라고 할 수 있나요?
삼촌	응. 그것도 허수야. 그런 녀석들은 어디에 있을까?
규원	3은 실수니까 오른쪽으로 3 가고, $2i$는 위로 2만큼 올라가니까 결국 평면 위에서 $(3, 2)$라는 좌표를 갖는 점이 아닐까요?

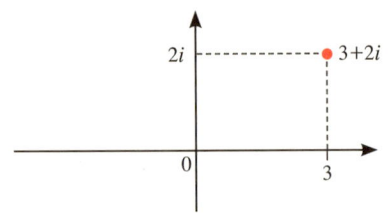

현진	그러니까 $x + yi$라는 허수는 평면에서 그 위치를 (x, y)라는 점으로 나타낼 수 있겠네요.
삼촌	그래. 그리고 실수와 허수를 통틀어서 '복소수'라고 부른단다. 이렇게 보면 평면 위의 각 점은 복소수를 표현한다고 할 수 있는데 이처럼 복소수로 채워지는 평면을 '가우스 평면'이라고 부른단다. 그럼 다음 문제를 풀어보렴.

1. 다음 복소수를 가우스 평면 위에 표시하시오.

$$a = 1 - 2i, \quad b = -3 - 4i, \quad c = \frac{2 - 5i}{3}, \quad d = 3i, \, e = -3i$$

2. 다음 가우스 평면 위의 점 a_1, a_2, a_3, a_4, a_5에 대응되는 복소수를 쓰시오.

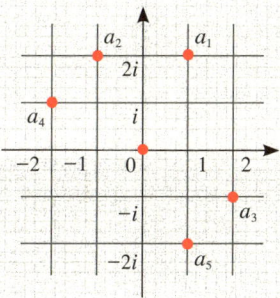

규원 실수에 허수를 덧붙여서 복소수를 만드니까 수의 범위가 단숨에 넓어지네요.

현진 직선이 평면으로 확대되는 것이니까.

삼촌 수의 범위를 복소수까지 확대하면 이차방정식은 예외 없이 근을 갖게 된단다.

현진 과연 그렇군요. $x^2 + 1 = 0$은 $x = \pm i$ 가 근이야.

규원 이제는 근호 안이 음수라도 아무 문제없어요.

예를 들어 $\sqrt{-3}$ 이라면 제곱해서 −3이 되는 수니까 $\sqrt{3}\,i$ 면 되는 거죠.

$$(\sqrt{3}\,i)^2 = (\sqrt{3})^2 i^2 = 3 \times (-1) = -3$$

현진 $-\sqrt{3}\,i$ 도 제곱하면 −3이 돼.

$$(-\sqrt{3}\,i)^2 = (-\sqrt{3})^2 i^2 = 3 \times (-1) = -3$$

규원   그러네. 그러니까 제곱해서 −3이 되는 수는 $\pm\sqrt{3}\,i$ 이렇게 두 개가 되네.

현진   맞아.

$$x^2 = -3$$

의 근도 이제 쉽게 구할수 있고. 그렇게 해서 이차방정식은 예외 없이 근을 갖게 되는 거구나.

규원   예외가 없어지니까 상쾌한 기분이에요.

삼촌   수학은 예외를 없애는 방향으로 발전해간다고 할 수 있어.

연습문제

1. 다음 이차방정식을 풀고 그 근을 가우스 평면 위에 표시하라.

(1) $x^2 + x + 1 = 0$

(2) $2x^2 + 3x + 2 = 0$

(3) $x^2 + 2x - 3 = 0$

(4) $x^2 + 10x + 169 = 0$

(5) $x^2 + 6x + 25 = 0$

더 넓은 세계로

관계

●●● **피타고라스 정리의 위력**

현진 예를 들어 $y = f(x) = x^2 - 1$이라는 함수는 아래 그림처럼 포
물선이 되는 건 알았는데 포물선보다 좀 더 친근하게 느껴지
는 원도 역시 식으로 나타낼 수 있을까요?

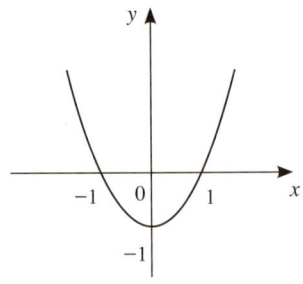

삼촌 한번 생각해보자. 중심이 원점에 있고 반지름의 길이가 r인

원을 머릿속에 그려보렴.

규원　그 원주 위의 한 점을 P(x, y)로 하고 그때 x와 y 사이에 어떤 관계가 있는가를 찾아보면 된다고 생각해요.

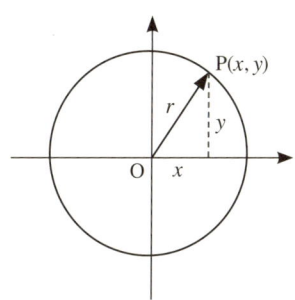

삼촌　"점 P(x, y)가 원주 위에 있다"라는 표현을 '수학어'로 번역해 볼 수 있을까?

현진　"점 P(x, y)는 원점 O로부터 거리가 r이다"라고 하면 될까요?

규원　P와 O 사이 거리는 어떻게 구하죠?

삼촌　P로부터 x축에 수직으로 $\overline{PQ}$를 내려놓고 생각해보렴.

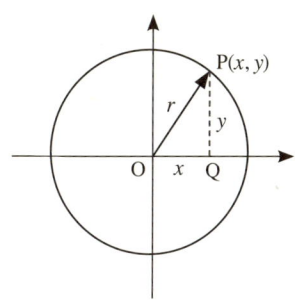

규원 그렇게 했더니 직각삼각형 OPQ가 만들어지네요. 아, 알겠
      다! 피타고라스 정리를 사용하면 될 것 같아요.

$$OP = r, OQ = x, PQ = y$$

      니까 이런 식이 나오네요.

$$OQ^2 + PQ^2 = OP^2$$

      이걸 다시 쓰면 이렇게 되어요.

$$x^2 + y^2 = r^2$$

삼촌 좋아. 그럼 지금까지 한 작업을 바탕으로 원을 표현하는 두
      가지 방식을 비교해 볼까? 일상어와 수학어로 말이야.

현진

일상어	수학어
P(x,y)는 원점을 중심으로 하고 반지름의 길이가 r인 원주 위에 있다.	$x^2 + y^2 = r^2$

삼촌 일상어와 수학어 중 어느 쪽이 더 간단하니?

현진 수학어 쪽이 훨씬 간단해요.

규원 간단할 뿐 아니라 계산까지 할 수 있어 좋아요.

삼촌 일상어로는 계산하기가 어렵지?

현진 피타고라스의 정리가 이런 데에서도 쓰일 줄은 몰랐어요.

삼촌 중요한 걸 알아차렸구나. 좌표를 사용해서 도형을 연구하다
      보면 두 점 사이의 거리를 식으로 나타내야 할 때가 있어. 그
      때 피타고라스의 정리가 유용하게 쓰인단다. 두점을 P(a, b),

P′($a′, b′$)라고 하면 P와 P′ 사이의 거리는 어떻게 될까?

현진   그림처럼 $\overline{PP'}$를 빗변으로 하고 x축과 y축에 평행인 두 개의 변을 갖는 직각삼각형을 PP′Q라고 하면,

$$P'Q = |a - a'|$$

$$PQ = |b - b'|$$

가 돼요. 삼각형 PP′Q에 피타고라스의 정리를 적용하면,

$$PP'^2 = P'Q^2 + P'Q^2$$

$$= |a - a'|^2 + |b - b'|^2$$

$$= (a - a')^2 + (b - b')^2$$

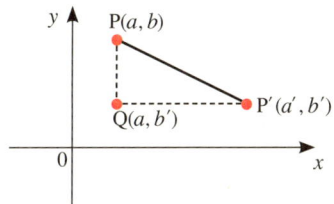

규원 $\overline{PP'}$의 길이는 그 제곱근을 구하면 돼요.

$$PP' = \sqrt{(a - a')^2 + (b - b')^2}$$

이렇게요.

삼촌   그럼 연습으로 P(15, 2)와 P′(3, -3) 사이의 거리를 계산해 보렴.

규원 $$PP' = \sqrt{(15 - 3)^2 + \{2 - (-3)\}^2} = \sqrt{12^2 + 5^2}$$

$$= \sqrt{144 + 25} = \sqrt{169} = 13$$

현진　피타고라스 정리의 고마움을 잘 알게 됐어요.

삼촌　데카르트는 이렇게 말했어.

"나는 해석 기하학을 새롭게 만들 때 과거의 기하학으로부터는 삼각형의 닮음의 정리와 피타고라스의 정리 외에 그 어느 것도 빌려오지 않았다."

규원　정말 그러네요. 삼각형의 닮음의 정리는 직선이 일차방정식으로 나타내지는 것을 증명하는 데 사용되잖아요.

삼촌　그래? 한번 설명해볼 수 있겠니?

규원　네. 좌표평면에 두 점을 찍어볼게요. 한 점은 L$(0, b)$, 또 한 점은 M$(1, b')$라고 할게요. 두 점을 연결하면 직선이되겠죠. 그 직선 위에 아무 점이나 하나를 찍고 이걸 P(x, y)라고 할게요. 점 P(x, y)에서 x와 y의 관계식을 구할 수 있다면 그게 직선의 식이 될 거예요. 그림을 그리면 더 쉬워요.

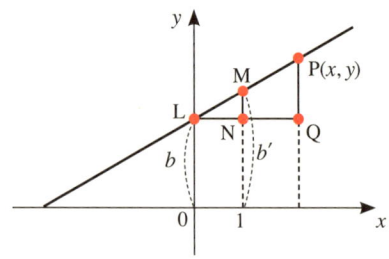

이때 삼각형 LMN과 삼각형 LPQ는 닮음이니까 삼각형

의 닮음을 쓰는거죠. 짜잔. 이렇게요.

$$\frac{\overline{PQ}}{\overline{MN}} = \frac{\overline{LQ}}{\overline{LN}}$$

따라서

$$\frac{y-b}{b'-b} = \frac{x}{1}$$

$b' - b = a$라고 하면,

$$\frac{y-b}{a} = x$$

$$y - b = ax$$

$$y = ax + b$$

현진 이렇게 직선의 방정식을 구하기도 하구나. 그런데 직선의 방
정식은 하나의 x에 대하여 하나의 y가 정해지는데, 원의 방
정식은

$$x^2 + y^2 = r^2$$

이니까

$$y^2 = r^2 - x^2$$

이므로

$$y = \pm\sqrt{r^2 - x^2}$$

이 되잖아요. 하나의 x에 대하여 두 개의 y가 대응해요.

이럴 경우에도 함수라고 말할 수 있을까요?

규원 그러고보니 함수는 하나의 x에 대하여 하나의 y가 대응한다
고 했어요.

삼촌   그렇단다. 중요한 걸 알아차렸구나. 사실 함수는 아주 엄밀하게 하나의 x에 대해 오직 하나의 y가 정해지는 경우만을 가리키기 때문에 $y = \pm\sqrt{r^2 - x^2}$ 은 함수라고 말할 수 없어.

규원   그럼 이럴 때는 뭐라고 해요?

삼촌   함수라고 하지 않고 '관계'라고 한단다.

●●● 다대다(多對多)의 대응

현진   관계라는 것에 대해 좀 더 알고 싶어요.

삼촌   좋아. 관계에 대해 공부하기 위해서는 약간의 사전 지식이 필요해. 우선 집합이 뭔지 알아야 해. 중학생이니까 집합에 대해 공부했지?

규원   배우긴 배웠는데 아직 확실히 아는 것 같지 않아요. 왠지 쉬운 것 같으면서도 어려운 단원이에요.

삼촌   너무 어렵게 생각하지 않는 게 좋아. 집합이란 쉽게 말해 뭔가의 모임이라고 생각하면 돼. 현진는 학교에서 씨름해봤지?

현진   네. 하지만 잘하지는 못해요.

삼촌   그런 건 아무래도 상관없어. 얼마 전에 경기를 했다고 했지?

현진   네. 옆 반이랑 해서 우리 반이 이겼어요.

삼촌   그때 경기를 어떻게 했는지 기억나니?

현진   네. 일곱 명씩 선수가 나와서 토너먼트로 승부를 겨뤘는데 우리 편이 마지막에 두 명이 남아서 이겼어요.

삼촌 그걸 그림으로 그려보렴. 이름은 쓰지 않아도 되니까 등번호

식으로 해봐.

현진 그럼 우리 반 선수를

$$A = \{a_1, a_2, \cdots, a_7\}$$

으로 하고, 옆 반 선수를

$$B = \{b_1, b_2, \cdots, b_7\}$$

으로 할게요. A와 B는 둘 다 집합이에요. 경기 진행표를 그

리면 다음과 같이 돼요.

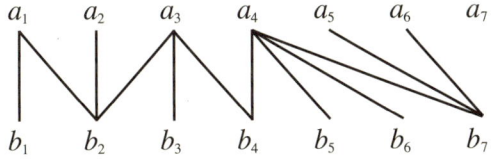

표는 이렇게 보면 돼요. a_1과 b_1이 경기를 해서 a_1이 이겼고,

a_1이 다시 b_2랑 경기를 해요. 거기서는 b_2가 이기죠. b_2는 a_2

와 붙어 이겨서 다시 a_3와 경기를 하죠.

삼촌 좋아. A, B 두 집합이 있고 각각 선수가 일곱 명씩 나오는 경

기로구나.

규원 선수들을 집합의 원소로 표현했고요.

삼촌 그래. A, B 두 집합의 원소 사이에 '경기했다'고 하는 '대응'

이 만들어진 거구나. 이 대응을 막대기로 이어서 표시한 거고.

현진 이 대응은 지금까지 공부했던 대응과는 조금 다른 것 같아
요. 1대1이 아니니까요.

규원 1대1은 커녕 다대1도 아니에요. A에서 B로의 대응은

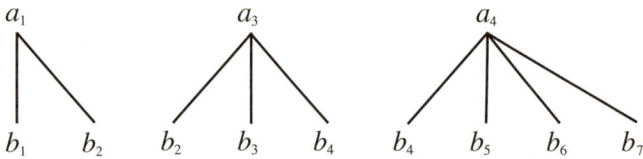

으로 되어 다대1이 아니고, 거꾸로 B에서 A로의 대응도 역
시 다대1이 아니에요.

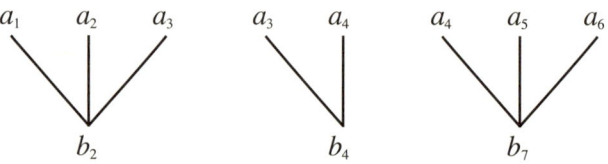

로 되어 있어요.

현진 그러니까 결국 다대다의 대응이라고 해야겠어요.

● ● ● 그래프로 나타내다

삼촌　이 다대다의 대응을 '관계'라고 부른단다. 이것을 그림으로
　　　나타내는 방법을 생각해보자.

규원　함수와 많이 비슷하니까 A, B도 좌표평면에 표시하면 어떨
　　　까요?

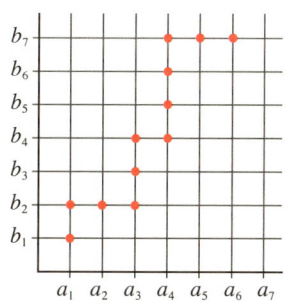

현진　과연 그러네. 두 집합의 원소가 선으로 연결되어 있을 때는
　　　이것처럼 모눈종이 위에 점으로 나타내면 좋겠어.

규원　이런 그래프로 나타내면 다대다라는 것을 쉽게 알 수 있겠
　　　어요.

현진　예를 들어 a_3 부분에 수직선을 세우면 세 개의 점 b_2, b_3, b_4
　　　가 그 직선 위에 있으니까

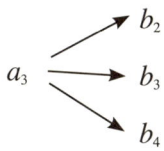

라는 대응이 있다는 걸 알 수 있고, 거꾸로 b_2 부분에서 수평선을 그리면 a_1, a_2, a_3라는 세 개의 점이 그 직선 위에 있으니까

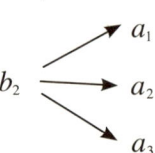

라는 대응이 있다는 것을 알 수 있어요.

규원 그래프는 함수만이 아니라 관계를 나타내는 데에도 이용할 수 있는 거네요.

삼촌 또 다른 관계의 예를 생각할 수 있을까?

현진 작년 여름방학에 친구 지섭이와 정우와 저, 셋이서 통영 근처 섬에 사시는 지섭이의 삼촌 댁에 놀러갔어요. 집에 돌아올 때 삼촌 가족 다섯 명이서 항구까지 배웅하러 와주셨어요. 그때 서로 테이프로 연결해서 작별 인사를 했는데 그게 딱 지금 배운 관계로 설명할 수 있어요. 보세요.

배 위에 세 명이 있어요. 등번호를 붙여 집합으로 표현하면,

$$A = \{a_1, a_2, a_3\}$$

이고, 선착장에 있는 다섯 명은 이렇게 쓸게요.

$$B = \{\, b_1, b_2, b_3, b_4, b_5 \,\}$$

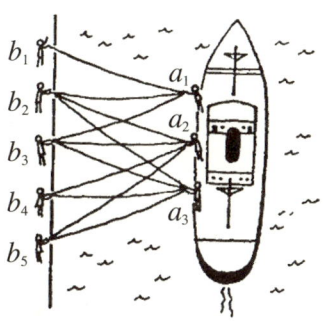

그 사이에 그림처럼 테이프를 연결했어요. 이건 다대다의 관계지요.

삼촌　그렇구나. 재미있는 예를 생각해냈구나. 그럼 그걸 그래프로 나타내어보렴.

현진　A를 가로로, B를 세로로 표시하면 다음과 같이 돼요.

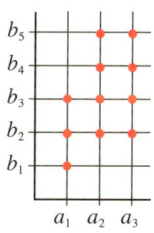

삼촌　한 문제만 더 해보자. 흑백의 바둑알이 일직선으로 늘어서 있어.

○ ● ● ○ ○ ● ○ ● ○ ○

이때 "흑백이 서로 옆에 있다"는 관계를 그래프로 나타내
보렴.

규원 앞에서처럼 등번호를 붙여 볼게요.

○ ● ● ○ ○ ● ○ ● ○ ○
a_1 b_1 b_2 a_2 a_3 b_3 a_4 b_4 a_5 a_6

집합으로 표현하면 이렇게 돼요.

$$A = \{a_1, a_2, a_3, a_4, a_5, a_6\}$$
$$B = \{b_1, b_2, b_3, b_4\}$$

a_1과 b_1, b_2와 a_2, a_3와 b_3, a_4와 b_4, b_4와 a_5가 서로 이웃해
있다는 것을 그래프로 표현하면 이렇게 그릴 수 있어요.
여기서 가로는 A, 세로는 B이에요.

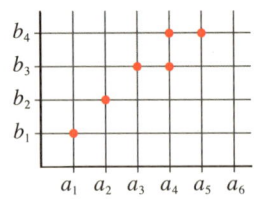

현진	그럼 반대로 A를 세로, B를 가로로 해도 될까?
삼촌	물론, 양쪽 다 괜찮아.
규원	그렇다면 그래프는 이렇게 되겠죠.

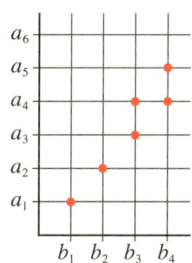

현진	두 그래프는 45°로 기운 직선을 축으로 해서 서로 대칭이네요?

●●● '위에 올라 있는' 관계

삼촌	지금까지는 두 개의 서로 다른 집합 A, B에 속한 원소들의 관계를 봤는데 이번에는 같은 집합에 속한 원소들의 관계에 대해서도 알아보자.
	책상 위에 다섯 권의 책이 있어.

이때 "바로 위에 있다"는 관계를 그래프로 나타내보는 거야. 예를 들어 "1 바로 위에 2가 있다"는 상태를 좌표평면에 점 (1, 2)로 나타내기로 한다면, 다음 그림과 같이 표시할 수 있을 거야.

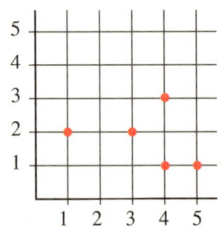

규원 정말 그러네요. 이 그래프를 보면 다섯 권의 책이 서로 어떻게 겹쳐져 있는지 알 수 있겠어요.

삼촌 그럼 다섯 권의 책이 다음과 같이 되어 있다면 어떤 그래프가 될까?

규원   그거라면 이렇게 되겠지요.

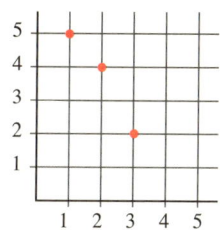

현진   어떤 식으로 겹쳐 있어도 다 그래프로 그릴 수 있네요.

●●● '나누어떨어지는' 관계

삼촌   이번에는 이런 관계는 어떨까?

       12의 약수 사이에 서로 '나누어떨어지는' 관계가 어떻게 되

       는지 그래프로 그려보는 거야.

현진   12의 약수의 집합은

$$\{1, 2, 3, 4, 6, 12\}$$

예요.

규원   그래프로 나타내기 위해 먼저 세로와 가로에 {1, 2, 3, 4, 6, 12}를 표시해요. 그리고 예를 들어 "2가 6을 나눈다"일 때에는 점(2, 6)로 표시하기로 하면, 다음과 같이 돼요.

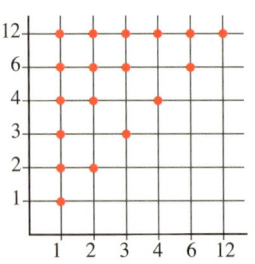

삼촌   잘했어.

규원   관계를 그래프로 나타낸다는 생각은 결국은 앞에 나왔던 원의 방정식 $x^2 + y^2 = r^2$이 관계를 나타내는 것과 같네요.

방금 한 A와 B처럼 '유한집합'일 때는 그 관계가 서로 떨어져 있는 유한 개의 점으로 표시되고, A, B가 실수 전체의 집합인 경우와 같이 '무한집합'일 때에는 그 관계가 원처럼 무한개의 연속된 점으로 표시돼요.

삼촌   맞아. 연속된 점으로 표시되느냐, 드문드문 떨어진 점으로 표시되느냐는 유한집합과 무한집합의 차이에 지나지 않아. 생각은 같다고 할 수 있어.

1. 두 개의 팀 $A = \{a_1, a_2, a_3, a_4, a_5\}$, $B = \{b_1, b_2, b_3, b_4, b_5\}$가 씨름 경기를 한 결과가 다음과 같다. 이 관계를 그래프로 나타내시오.

[제1회]

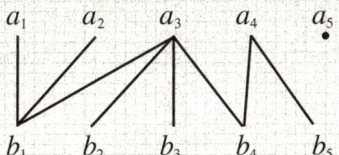

[제2회]

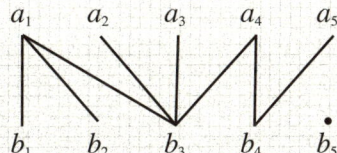

2. 어느 학교 선생님의 집합이 $A = \{a_1, a_2, a_3, a_4, a_5, a_6, a_7\}$, 학급의 집합이 $B = \{b_1, b_2, b_3, b_4, b_5, b_6, b_7\}$일 때 선생님과 선생님이 가르치는 학급의 관계는 다음과 같다고 한다. 이것을 그래프로 나타내시오.

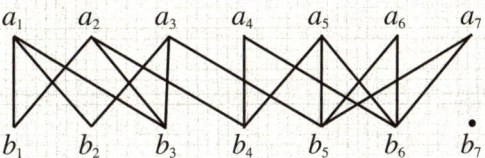

3. 24의 약수의 집합을 구하고 약수끼리 서로 '나누어떨어지는' 관계를 그래프로 나타내시오.

4. 어느 가족의 부모와 자녀의 관계는 다음과 같다.

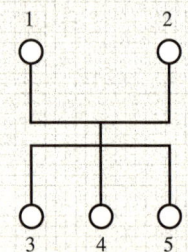

이 부모와 자녀의 관계를 그래프로 나타내시오.

미분과 적분

삼촌 얘들아, 너희랑 함수를 공부하다 벌써 시간이 이렇게 지났구나. 이제 슬슬 마무리를 할 때가 된 것 같아. 마지막으로 미분과 적분에 대해 얘기해보려고 해.

현진 삼촌, 미분과 적분은 고등학교에서 공부하는 거 아니예요? 우린 중학생이라 어렵지 않을까요?

삼촌 원리를 아는 정도로 이야기할 거니까 겁낼 필요가 없어. 함수와 미분, 적분은 정말 관련이 많거든. 너희들, 일차함수나 이차함수 그래프는 그릴 수 있지?

규원 이때까지 공부한 것들이니까 쉽게 그릴 수 있어요.

삼촌 그래, 맞아. 그런데 삼차, 사차, 오차 점점 차수가 높아지면 함수 그래프를 그리는 게 쉽지 않지. 미분과 적분은 함수를 분석하는데 쓰여. 그걸 알면 복잡한 함수가 나오더라도 그래프를 그리고, 변화를 분석할 수 있어. 그래서 물리, 전자공학, 기계공학 등 여러 분야에서 많이 쓰이고 있어.

규원 와, 신기하네요. 궁금해요.

● ● ● 순간의 속도

삼촌 좋아. 그럼 먼저 이런 생각을 해보자.

어떤 사람이 차를 운전하다가 과속으로 붙잡혔어. 제한 속도 시속 50km를 넘었다는 거야. 그러자 그 사람은 경찰에게 이렇게 항의했어.

"우리 집에서 여기까지 10km이고 집에서 여기까지 15분 걸렸으니까 시속으로 따지면 40km요. 그러니까 시속 50km를 넘지 않았습니다."

이 사람의 항의는 옳을까?

현진 옳을 것 같기도 한데…….

규원 아니요. 옳지 않아요. 집에서 출발하여 계속 같은 속도로 달려왔다면 그 항의는 옳겠지요. 평균속도는 확실히 시속 40km니까요. 하지만 도중에 신호에 걸려 멈추기도 하고 혼잡해서 속도를 늦추기도 했을 것이고, 또 어딘가에서는 시속 50km를 넘겼을 수도 있어요. 이 사람은 분명 시속 50km를 넘은 순간에 운 나쁘게 잡힌 거겠죠.

삼촌　정확해! 그 사람은 어떤 곳에서 순간속도가 시속 50km를 넘었다는 얘기지.

현진　흠 그렇군. 순간의 속도로 위반한 거네요.

삼촌　그 순간의 속도라는 생각이 미분의 출발점이야.

현진　그러고보면 경찰이 길가에서 자동차 속도를 잴 때에는 아주 가까운 두 곳에 숨어서 시간을 재요.

30m의 거리를 2초에 달렸다고 하면 초속 15m가 돼요. 이걸 시속으로 고쳐볼게요.

$$15(m) \times 60 \times 60 = 54,000(m) = 54(km)$$

시속으로는 54km가 되네요.

규원　그건 엄밀히 말해서 순간속도는 아니지요. 2초 동안의 평균속도이죠. 이 사이에서도 속도는 조금 바뀌었을지도 몰라요.

현진　하지만 그 2초 동안 시속 54km보다 느린 순간이 있다면 그 대신 시속 54km보다 빠른 순간도 있을 거야. 그렇다면 역시 속도 위반인 거지.

● ● ●　**뉴턴의 생각**

삼촌　차의 속도계는 항상 순간속도를 보여주기 때문에 이제는 누구라도 순간속도라는 게 있다는 걸 알고 있어. 그 순간속도라는 생각으로부터 미분을 생각해낸 사람이 뉴턴이야.

규원   그런 거라면 나도 생각해낼 수 있
      을 것 같은데…….

삼촌   하지만 뉴턴의 시대에는 자동차
      도 없었고 속도계도 없었어. 그렇
      기 때문에 뉴턴은 순간속도라는
      것을 머릿속에서 생각해낸 거야.

뉴턴

규원   그런 점에서 뉴턴이 뛰어났던 거
      군요.

현진   지금은 누구라도 알 수 있게 된 건데 말이지요.

삼촌   그 당시로부터 300년 지난 지금, 사람의 지식이 그만큼 진보
      한 거라고 할 수 있지.

규원   지금은 고등학생이라면 누구나 미분에 대해 알고 있어요. 중
      학생도 공부만 하면 알수 있고요.

삼촌   좋아. 그런 자신감으로 공부해보자. 자, 어떤 자동차가 시간
      t 동안에 달린 주행거리 y는 t의 함수라고 할 수 있어. 그걸

$$y = f(t)$$

      라고 하자.

      이때 시간 t부터 시작하여 시간 $t + h$가 될 때까지 주행거리
      는 어떻게 될까?

현진 $f(t + h) - f(t)$이지요.

삼촌   그 시간 동안 평균속도는?

규원 주행거리를 시간으로 나누면 되니까,

$$평균속도 = \frac{f(t+h)-f(t)}{h}$$

가 돼요.

삼촌 여기서 시간 t를 지나는 순간의 순간속도를 구하려면 어떻게 하면 좋을까?

현진 글쎄요, 음······. 시간 $(t+h)$와 t가 거의 차이가 없게 비슷해져야 하니까 시간 h를 거의 0에 가까운 수로 작게 했을 때 평균속도 $\frac{f(t+h)-f(t)}{h}$ 의 값이 어떻게 되는지 살펴보면 시간 t를 지나는 간의 순간속도가 되지 않을까요?

삼촌 그럼 $f(t)=t^2$이라면 어떻게 될까?

규원 $\dfrac{f(t+h)-f(t)}{h} = \dfrac{(t+h)^2-t^2}{h} = \dfrac{t^2+2th+h^2-t^2}{h}$

$$= \frac{2th+h^2}{h} = 2t+h$$

여기서 h를 한없이 작게 해가면 $2t+h$는 $2t$에 다가가요. 그 $2t$가 시간 t에서의 순간속도가 되는 거군요.

삼촌 맞아. 이렇게

$$y=f(t)$$

일 때, 시간 t를 지나는 순간의 순간속도를 $f(t)$의 '미분계수'라고 부르고 $f'(t)$라고 쓴단다. 즉, 이 경우는

$$f'(t) = 2t$$

가 되는 거야. 이 $f'(t)$ 역시 t의 함수인데, 이것을 특별히 '도함수'라고 한단다. "$f(t)$로부터 유도해낸 함수"라는 뜻이야. 그리고 함수 $f(t)$로부터 미분계수 $f'(t)$를 계산해내는 것을

"함수 $f(t)$를 '미분'한다"

라고 한단다.

현진   흠, 그런 거라면 우리도 알 수 있을 것 같아요.

삼촌 $\dfrac{f(t+h)-f(t)}{h}$ 을 조금 다른 기호로 나타내보자. h는 t의 변화량이라는 뜻에서 Δt로 나타내고 $f(t+h)-f(t)$는 Δt동안 $y = f(t)$의 '변화량'이라는 뜻에서 Δy 또는 $\Delta f(t)$로 나타낸다.

규원 Δt와 $\Delta \times t$는 다른 거지요?

삼촌   물론. 't의 미소변화량'이라는 의미에서 Δ와 t는 떼어놓을 수 없는 하나의 기호야.

현진 Δy도 역시 그렇고요.

삼촌   그렇지. Δ란 건 '차이'를 의미하는 영어 단어 difference(디퍼런스)의 머리글자인 D를 그리스 문자인 Δ(델타)로 바꿔놓은 거야.

규원   그러면 그 분수는

$$\frac{f(t+h)-f(t)}{h} = \frac{\Delta y}{\Delta t} = \frac{f(t)}{t}$$

라고 쓸 수 있겠네요.

현진 여기서 Δt는 함수 $y = f(t)$에서의 입력 혹은 독립변수의 변화량, $\Delta y = \Delta f(t)$는 함수 $y = f(t)$에서의 출력 혹은 종속변수의 변화량이군요. 그러니까 그 분수는

$$\frac{\text{출력의 변화량}}{\text{입력의 변화량}}$$

이라는 의미가 되겠네요.

규원 이때 Δt를 차차 0에 근접시켰을 때 그에 따라 이 분수가 점차 다가가는 어떤 값이 시간 t에서의 순간속도죠?

● ● ● $$\frac{dy}{dt}$$

삼촌 그래. 그 분수가 일정하게 다가가는 값을 l이라고 하고

$$\frac{\Delta y}{\Delta t} \longrightarrow l$$

과 같이 화살표로 나타내기로 하자. 앞에서 예를 든 $y = t^2$의 경우라면,

$$\frac{\Delta y}{\Delta t} = 2t + h \longrightarrow 2t$$

가 되는 거야.

Δt가 0에 다가갈 때 $\dfrac{\Delta y}{\Delta t}$ 가 점차 다가가게 되는 일정한 값을 $\dfrac{dy}{dt}$ 로 나타낸단다. 즉

$$\frac{\Delta y}{\Delta t} \longrightarrow \frac{dy}{dt}$$

가 되는 거야.

현진 Δ가 d로 바뀐 것처럼 보이네요.

삼촌   이 $\frac{dy}{dt}$라는 기호는 라이프니츠가 생각해낸 것인데 실로 훌
       륭한 기호였어. 그러니까 300년이 지난 지금까지도 사용되
       고 있지. 그러나 편리하고 교묘한 기호인 만큼 잘 생각해서
       사용하지 않으면 문제가 생겨.

       첫째로, dy는 $d \times y$가 아니고 dt 역시 $d \times t$가 아니야. 그러니
       까 $\frac{dy}{dt}$를 $\frac{d \times y}{d \times t}$로 생각해서 d로 약분하여 $\frac{y}{t}$라고 해서는
       안 돼. 또 $\frac{dy}{dx}$라는 기호 그 자체가 분수 모양을 하고 있기
       는 하지만 $dy \div dt$가 아니라 하나의 단일한 기호야.

현진   조금 이해되기 시작했어요.

       자동차 운전대에는 시계, 주행거리계, 속도계라는 세 개의
       미터가 나란히 있어요. 시계가 시간 t, 거리계가 거리 y를 나
       타낸다고 한다면 속도계는 순간속도 $\frac{dy}{dt}$를 나타내는 거겠
       네요.

삼촌   아주 잘 정리했어.

현진   그렇다면 만약 함수 $y = f(t)$가 완전히 알려져 있다면 그로부
       터 $\frac{dy}{dt}$도 계산해낼 수 있겠어요.

규원   즉 속도계가 망가졌다 하더라도 시계와 거리계가 작동하고

있으면 순간속도를 알 수 있다는 얘기군.

삼촌 이치상으로는 그렇지. 다만 $\dfrac{dy}{dt}$의 계산이 쉽지는 않단다……

● ● ● **적분**

삼촌 이제 미분의 역할을 잘 알았겠지?

이번에는 시계와 속도계는 작동하는데 거리계가 고장 났다면 어떻게 될까. 즉 t와 $\dfrac{dy}{dt}$에서 y를 계산해낼 수 있냐는 거지. 실은 이것이 '적분'이야.

현진 그게 가능한가요?

삼촌 그럼, 가능하고말고. 예를 들어 자동차가 십 분 동안 달렸다고 하자. 이때 출발할 때를 포함하여 일 분이 지날 때마다 속도계를 관찰하여 기록해보니까 다음과 같이 됐다고 하자.

t(분)	0	1	2	3	4	5	6	7	8	9	10	…
$\dfrac{dy}{dt}$(km/시)	40	44	46	42	40	42	44	46	48	52	…	…

이런 기록이 있으면 거리계가 없어도 주행거리를 알 수 있겠지.

규원 처음 1분 동안 달린 거리는 속도가 시속 40km이고 1분은 $\dfrac{1}{60}$시니까

$$40 \times \dfrac{1}{60} \,(\text{km/시})$$

다음 1분 동안에는

$$44 \times \frac{1}{60} \ (\text{km}/\text{시})$$

그 다음 1분 동안에는

$$46 \times \frac{1}{60} \ (\text{km}/\text{시})$$

…

이것을 전부 더하면 되겠네요.

$$40 \times \frac{1}{60} + 44 \times \frac{1}{60} + 46 \times \frac{1}{60} + 42 \times \frac{1}{60} + 40 \times \frac{1}{60} + 42 \times \frac{1}{60}$$

$$+ 44 \times \frac{1}{60} + 46 \times \frac{1}{60} + 48 \times \frac{1}{60} + 52 \times \frac{1}{60} = 7\frac{24}{60} = 7.40$$

그러니까 총 주행거리는 7.40 km예요.

삼촌　자, 어때? '곱하고 더하는' 계산이라는 걸 눈치챌 수 있겠니?

현진　그렇게 하면 값은 대충 나오겠지만, 최초 1분 동안 달린 거리를 $40 \times \frac{1}{60}$ 로 한 것은 그 1분 동안은 속도가 일정하고 속도계가 움직이지 않았다고 보고 계산한 거잖아요. 그런데 그 사이에도 잘 보면 속도계가 희미하게 움직이고 있었을지도 몰라요. 그러니까 오차가 조금씩 있는 게 아닐까요?

삼촌　아주 좋은 걸 깨달았구나. 사실 이 계산은 1분 동안은 완전히 일정한 속도로 움직였다 가정하고 한 계산이야.

규원　하지만 차이는 크지 않을 거예요. 삼촌 차를 타보면 운전을 잘해서 속도계의 바늘이 거의 움직이지 않던걸요.

현진　그야 그렇지. 하지만 삼촌도 운전을 처음 배웠을 때에는 바늘이 많이 움직였어. 예전에 삼촌이라면 이 계산은 실제와 상당히 차이가 날 거야.

삼촌   현진의 주장도 일리가 있어. 그렇다면 이 계산을 좀 더 정확히 하고 싶으면 어떻게 해야 할까?

현진   속도를 1분마다 기록하는 대신 더 쪼개서 1초마다 기록하면 어떨까요?

t(초)	0	1	2	3	4	...
$\frac{dy}{dt}$(km/시)	40	40.2	40.4	40.5	...	...

규원   그러면 확실히 더 정확해질 테지만 1초마다 기록하는 게 쉽겠니?

현진   인간의 눈으로 안 된다면 속도계를 비디오로 찍으면 돼.

삼촌   흠, 그거 좋은 생각이구나. 그럼 위의 표를 가지고 계산해보렴.

현진   1초 $= \frac{1}{60} \times \frac{1}{60}$ 시 $= \frac{1}{3600}$ 시니까,

$$40 \times \frac{1}{3600} + 40.2 \times \frac{1}{3600} + 40.4 \times \frac{1}{3600} + \cdots$$

라는 계산을 하면 된다고 생각해요. 역시 '곱하고 더하는' 계산이에요.

삼촌   좀 더 정확하게 말하자면 '세세하게 나눠서 곱하고 더하는'

계산이군.

규원 와, 힘들어. 10분을 1초 단위로 자르면 600초가 되니까, 그때 마다 기록된 속도에 $\frac{1}{3600}$ 을 곱해서 600번의 덧셈을 하는 거네.

이렇게 하면 1분 단위로 구획하는 것보다는 진짜 값에 더 가까워지겠지만 그래도 역시 완벽하게 옳다고는 말할 수 없겠지요. 1초 동안에도 완전한 등속이라고는 할 수 없을 테니까요.

삼촌 맞는 말이다. 1초 동안이든 $\frac{1}{10}$ 초 동안이든 또는 $\frac{1}{100}$ 초 동안이든, 심지어는 $\frac{1}{1,000,000}$ 초 동안이라 해도 완전한 등속이라고는 할 수 없겠지. 그러니까 '세세하게 나눠서 곱하고 더하는' 계산은 진짜 값에 무한히 다가갈 수 있지만 결코 진짜 값이 되는 일은 없어.

하지만 시간을 점차 0에 가까울 정도로 세세하게 나누어 계산하다보면 계산 결과가 일정한 값에 다가가는 것을 확인할 수 있어. 그 값을 찾아내는 방법이 적분이야.

그러니까 적분이란

"세세하게 나눠서,

곱하고,

더한다.

나아가 더 세세하게 나눠서,

곱하고,

더한다.

나아가 ……

……

……

이것을 한없이 계속 하는 것."

그런 계산이라고 말해도 좋겠지.

규원   세세하게 나누면 정확하게는 되지만 그 대신 곱셈과 덧셈을

많이 해야 하니까 골치 아파요.

현진   해도 해도 끝이 없을 거야.

● ● ● **뉴턴−라이프니츠의 적분학**

삼촌   그런데 그걸 한 방에 계산하는 방법이 있다면?

규원   그게 어떻게 가능해요?

삼촌   '딱' 하고 한 방에 가능한 방법이 있어. 그것이 '뉴턴−라이프

니츠의 적분학'이야.

현진   그거 정말 신기한 거네요. 가르쳐 주세요.

삼촌   그래프를 이용해서 공부해보자.

가로축에는 시간, 세로축에는 순간속도를 표시하기로 하자.

그 때 차가 0분에서부터 10분까지 달리는 동안 순간속도는

하나의 곡선을 그리면서 변하겠지?

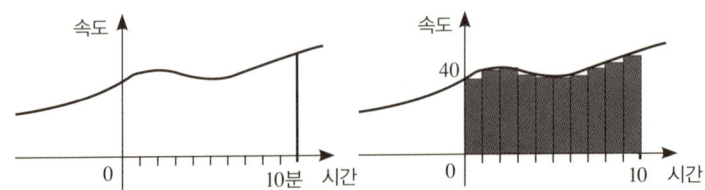

그때 1분 단위로 나누어서 속도계를 기록한다고 생각하면 최초 1분에 달린 거리 $40 \times \frac{1}{60}$ 은 가장 왼쪽 직사각형의 넓이가 되고, 다음 1분에 달린 거리 $44 \times \frac{1}{60}$ 은 그 오른쪽 옆 직사각형의 넓이가 돼.

그걸 하나하나 더해가면 그림에서 색칠한 부분의 넓이가 되고 그것이 곧 10분 동안 달린 거리가 되는 거야.

규원   흠, 시간을 세세하게 나누어가면 갈수록 달린 거리는 점점 더 곡선과 가로축에 둘러싸인 부분의 넓이에 가까이 다가가겠네요.

현진   그러면 적분은 곡선으로 싸인 도형의 넓이를 계산하는 건가요?

삼촌   그렇지! 그렇게 말해도 될 정도야.

규원   정말 단순하네요. 적분이란 나와는 거리가 먼 수학이라고만 생각했어요.

삼촌   생각은 지극히 간단해. 원의 넓이를 내는 공식 πr^2 역시 적분의 생각을 사용한 거야. 적분이란 말을 쓰지는 않았지만.

현진   원보다 복잡한 곡선은 넓이를 구하는 것도 더 어렵겠지요?

삼촌   물론이지. 그 어려움을 정복하는 방법을 뉴턴과 라이프니츠가 발견했어.

규원   어떻게 하는 건데요?

삼촌   그건 이다음에 얘기해줄게. 오늘은 그냥 힌트만 얘기해주마. 적분은 미분의 계산을 거꾸로 사용하여 하는 거란다. 이것을 수학적인 언어로 표현하자면 미분과 적분은 서로 역연산 관계라는 거야.

현진   덧셈과 뺄셈도 역연산 관계인가요?

삼촌   맞아.

규원   그럼 곱셈과 나눗셈도 역연산이네요.

현진   제곱하는 것과 제곱근 구하는 것도 역연산이겠고요.

삼촌   수학에는 그런 역연산이 많아.

규원   그러고보니 미분은 '빼고 나눈다'는 계산을 하는 거고, 적분은 '곱하고 더한다'는 계산을 하는 거네요.

좀 더 자세하게 말하면 미분은 이거지.

"세세하게 나눠서,

빼고,

나눈다,

더욱 세세하게 나눠서,

빼고,

나눈다.

더욱……

……

……

이것을 한없이 계속한다.”

삼촌   그걸 처음으로 깨달은 사람이 뉴턴과 라이프니츠야.

현진   뭐야, 뭐 대단한 것도 아니잖아.

규원   하지만 '콜럼버스의 달걀' 같이 그걸 처음으로 생각해내는 건

힘들었겠지.

부록

사랑하는 조카들에게

● ● ● 수학의 자유로움

우리는 함께 시간을 보내며 함수의 의미와 역사, 쓰임새 등에 대해 조금은 이해할 수 있게 되었을 거야.

함수는 꽤 재미있는 사고방식이구나, 조금 더 공부해보고 싶다 하고 생각하는 시간이었길 바란다. 마지막으로 이 삼촌이 '공부의 길잡이'라고 할 만한 이야기를 들려주고 싶구나.

우선 수학이 어떤 성격의 학문인지에 대해 확실하게 해둘 필요가 있어.

수학이란 어떤 학문이냐고 물으면, "그건 너무 뻔해. 문제가 나오면 계산해서 답을 내는 것이 수학이야"라고 대답하는 사람이 많을 거야. 그러다보니 수학을 공부하는 사람은 계산해서 답을 내는 컴퓨터 같은 것이고, 성능이 좋은 것은 우등생, 성능이 나쁜 것은 열등생이라고 생각하게 되는 경우가 있어.

만약 이것이 정말이라면 수학을 공부한다는 건 얼마나 무미건조하고 재미없는 일일까? 살아 있는 인간이 컴퓨터가 돼야 하는 거니까 말이야. 하지만 수학은 그런 학문이 아니란다.

수학은 다른 학문과 마찬가지로 살아 있는 인간이 자유로이 생각하고 만들어낸 학문이야. 그러므로 수학을 공부하려면 늘 자유로이 상상하고 새로운 것을 생각하는 자세를 가져야 해. 기계적으로 계산만 하는 컴퓨터가 되어서는 안 된단다.

컴퓨터는 인간의 충실한 심부름꾼일 뿐 스스로 생각하지 못해. 인간으로부터 명령을 받으면 정확하게 답을 내주지만 인간의 명령 없이는 어느 것 하나도 할 수 없기 때문이지.

집합 이론을 만든 칸토어(1845~1918)는 이렇게 말했어.

"수학의 본질은 자유로움에 있다."

수학이라는 학문의 성격을 훌륭하게 표현한 말이야. 그러나 너희는 이 말을 쉽게 믿을 수 없을 거야.

'그럴까? 나는 수학만큼 부자유스럽고 갑갑한 학문은 없다고 생각하는데. 예를 들어 2 + 3은 오직 5가 될 수 있을 뿐 그 밖에 6이나 4가 될 수는 없으니까. 이만큼 자유와 동떨어진 학문이 어디 있겠어.'

그렇게 생각하는 것도 결코 무리는 아닐 거야. 확실히 수학에는 2 + 3은 5 아닌 것이 되지 못하는 엄격함이 있긴 해.

그런 면에서만 보면 수학에는 자유 같은 건 한 조각도 없을 것처럼 보이지. 그러나 수학은 그 외의 다른 여러 가지 측면을 갖고 있어. 예를 들어 라이프니츠가 함수를 처음으로 생각해냈을 때 그는 완전히 자유로이 그의 머리를 움직였을 거야.

$2x - 3$도, $x^2 - 5x + 2$도, 모두 함수라는 모둠으로 묶을 수 있다는 것, 그리고 그와 같은 함수가 미래의 수학이 나아갈 길을 비추는 빛나는 별이 되리라는 생각을 해냈을 때 라이프니츠의 머릿속에는 실로 수학의 본질인 자유로움이 꿈틀대고 있지 않았을까? 너희도 함께 함수에 대해 공부하면서 라이프니츠의 생각을 이해했을 때 머릿속에도 그 자유로움이 흘러넘치는 경험을 했을 거야.

너희도 머리를 자유로이 작동시켜 뭔가 새로운 것을 생각했을 때의 기쁨을 공부할 때나 일상 생활을 할 때나 경험한 적이 있을 거야.

수학의 본질인 자유로움도 그러한 것과 같고, 그러한 자유가 수학 속에는 하나 가득 들어 있어. 그 자유로움은 초등학교 때 배우는 수학에도 가득 있었을 테지만, 중학교, 고등학교로 올라감에 따라 더 많아지고 깊이를 더해갈 거야.

●●● **출발점으로 돌아가라**

수학은 다른 어느 학문보다도 더 논리적인 학문이야. 수학을 공부해보면, 그 과정은 마치 커다란 건축물을 지을 때처럼 먼저 단단한 토대를 마련하고 그 위에 기둥과 대들보와 벽을 하나하나 쌓으며 올라가야 한다는 사실을 깨닫게 돼. 즉 수학을 공부하려면 토대부터 출발하여 한 걸음 한 걸음 올라가야 하는 거야.

그러므로 공부하다가 잘 모르는 부분이 나오면 앞으로 나아가는 것을 잠시 멈추고 토대로 돌아가서 거기서부터 다시 출발하는 것이 좋아. 그러면 너무 답답하고 시간이 많이 걸리지 않느냐고 생각할지도 모르겠구나. 그럴 때는 "출발점으로 돌아가라", "바쁠수록 돌아가라"라는 말을 떠올려보렴.

출발점이란 수학에서 토대가 되는 기초적인 생각을 가리키지. 예를 들어 우리가 공부한 함수도 그런 출발점 가운데 하나야.

그러한 출발점이 되는 토대로 되돌아가 가서, 한 걸음 한 걸음 다시 걷기 시작해보렴. 그러면 전에 걸었던 길은 훨씬 더 편하게 걸을 수 있을 것이고 전에는 풀 수 없었던 문제도 풀리게 될 거야. 만약에 그래도 안 된다면 또다시 출발점으로 돌아가는 거야. 그렇게 반복하다보면 반드시 풀 수 있게 된단다.

그렇게 하자면 시간이 많이 걸리니 성격이 조급한 사람은 하기 싫을지도 모르겠구나. 그러나 이 방법이 가장 확실한 수학 공부법이란다. 확실할 뿐 아니라 실은 가장 빠른 공부법이기도 하단다.

● ● ● 수학이 싫어진 사람에게

너희도 초등학교 1학년이나 2학년일 때는 어느 과목이 가장 좋으

냐고 물어보면 "수학"이라고 대답했잖니. 그러나 5학년, 6학년이 되면 수학을 싫어하게 되고, 중학생이 되니 아예 멀어졌지.

그렇게 되는 이유는 간단해. 그건 "모르게 되어서" 그런 거야.

수학은 어느 한 곳 모르는 부분이 생기면 그다음도 모르게 되는 특성이 있어. 장편소설을 읽고 있는데 도중에 페이지가 떨어져나간 경우와 같지. 그다음 얘기 줄거리를 알 수 없게 되어버리는 거야.

예를 들어 아파서 학교를 쉬는 바람에 공부하지 않은 부분이 있게 되고, 그 뒤로 진도를 이해할 수 없게 되어 수학이 싫어진 친구들도 있을 거야. 그런 친구들은 어떻게 하면 좋을까? 물론 앞에서 말한 것처럼 "출발점으로 돌아간다"도 하나의 방법이야. 자기가 알고 있는 토대로 한 번 더 돌아가서 거기서부터 다시 하는 거지. 그게 바로 문제와 정면승부하는 방법이야.

그러나 다른 방법도 있어. 정면승부가 안 되면 돌아가는 방법도 있으니까. 예를 들어 함수처럼 새로운 개념이 등장했을 때 그 이전 부분에서 이해하지 못하고 넘어온 것이 있다고 해서 너무 걱정하지 말라는 거야. 몰랐던 부분은 일단 그대로 놔두고 새로 등장한 개념을 철저히 공부해보는 거지. 그렇게 하면 지금까지 잘 이해가 가지 않았던 부분까지도 새로운 개념을 기초로 해서 이해할 수 있게 되는 경우가 많아. 새로운 개념을 깊이 이해하게 되면 우리의 생각이 더 높은 곳으로 끌어올려져서 더 멀리 넓게 내다볼 수 있게 되기 때문이지. 마치 높은 산에 오르면 먼 곳까지 볼 수 있게 되는 것과 비슷해.

그렇게 공부하다가 다시 예전에 이해가 되지 않았던 부분으로 돌아가는 거야. 삼촌이랑 함께한 공부했던 함수를 이해할 수 있게 되었다면 초등학교에서 공부한 분수나 비례, 그리고 응용문제 등을 다시 해보는 거지. 분명 전보다 훨씬 더 잘 이해할 수 있다는 것을 알 수 있을 거야.

너희와 함께 공부할 수 있어서 삼촌은 정말 즐거웠단다. 앞으로도 너희가 수학을 통해 많은 생각을 할 수 있으면 좋겠구나.

너희를 사랑하는

삼촌

43쪽

1. $\left[\dfrac{1275}{7}\right] = 182,\ \left[\dfrac{534}{13}\right] = 41,\ \left[\dfrac{614}{15}\right] = 40$

45쪽

1. $[x],\ [x+0.5],\ -[-x]$

2. $\dfrac{[10x]}{10},\ \dfrac{[10x+0.5]}{10},\ \dfrac{-[-10x]}{10}$

67쪽

1. A$(1, 2),$ B$(-2, 2),$ C$(3, 3),$ D$(6, 4),$ E$(4, -3),$ F$(2, -2)$

   G$(-2, -3)$

2.

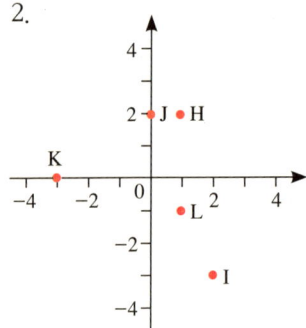

80쪽

		독립변수					
		0	1	2	3	4	5
함수	$2x-3$	-3	-1	1	3	5	7
	$3x+1$	1	4	7	10	13	16
	$4x-3$	-3	1	5	9	13	17
	$x-1$	-1	0	1	2	3	4
	$6x-2$	-2	4	10	16	22	28

87쪽

1. (1) 2차   (2) 5차   (3) 3차

101쪽

1.

$f(\ )$	$g(\ )$	$f(g(\ ))$	$g(f(\ ))$
$2(\ )-3$	$(\ )^2$	$2(\ )^2-3$	$4(\ )^2-12(\ )+9$
$(\ )^3$	$(\ )-1$	$(\ )^3-3(\ )^2+3(\ )-1$	$(\ )^3-1$
$-(\ )$	$-(\ )^3+2$	$(\ )^3-2$	$(\ )^3+2$
$-4(\ )+1$	$3(\ )^2$	$-12(\ )^2+1$	$48(\ )^2-24(\ )+3$

114쪽

1.

(1) $f^{-1}(\ ) = \dfrac{-(\ )-1}{3}$

(2) $a \neq 0 \quad f^{-1}(\ ) - \dfrac{(\ )-b}{a}$

(3) $f^{-1}(\ ) = \dfrac{-6(\ )-3}{5(\ )-2}$

(4) $f^{-1}(\ ) = \dfrac{-c(\ )+b}{c(\ )-a}$

129쪽

1. $\sqrt{2} = 1.4142\cdots, \quad \sqrt{5} = 2.2360\cdots, \quad \sqrt{6} = 2.4494\cdots$

$\sqrt{7} = 2.6457\cdots, \quad \sqrt{10} = 3.1622\cdots, \quad \sqrt{2.56} = 1.6$

137쪽

1. $y = -3,\ x = 1,\quad x = -\dfrac{1}{3}$

$y = -2,\quad x = \dfrac{1 \pm \sqrt{7}}{3}$

$y = 0,\quad x = \dfrac{1 \pm \sqrt{13}}{3}$

$y = 2,\quad x = \dfrac{1 \pm \sqrt{19}}{3}$

$y = 4,\quad x = -\dfrac{4}{3}$

2. $y = -3,\ x = 1,\quad x = 2$

$y = -5,\ x = 0,\quad x = 3$

$y = -2,\ x = \dfrac{3 \pm \sqrt{13}}{2}$

3. $x = \dfrac{5}{4}$

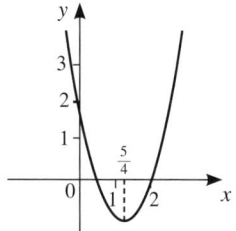

4. (1) $x = \dfrac{1 \pm \sqrt{5}}{2}$, (2) $x = \dfrac{-5 \pm \sqrt{73}}{4}$, (3) $x = \dfrac{2 \pm \sqrt{10}}{3}$

152쪽

1. $f(x) = -\dfrac{3}{2}x^2 = \dfrac{7}{2}x - 2$

2. $\varphi(x) = x^2 - 4x + 5$

3. $g(x) = \dfrac{3}{2}x^2 - \dfrac{11}{2}x + 7$

159쪽

1. $f(x) = -\dfrac{1}{12}x^3 + \dfrac{1}{2}x^2 + \dfrac{13}{12}x + \dfrac{3}{2}$

2. $g(x) = \dfrac{5}{8}x^3 + \dfrac{5}{8}x^2 - \dfrac{9}{4}x$

3. $h(x) = -\dfrac{5}{3}x^3 + \dfrac{15}{2}x^2 - \dfrac{53}{6}x + 2$

165쪽

1.

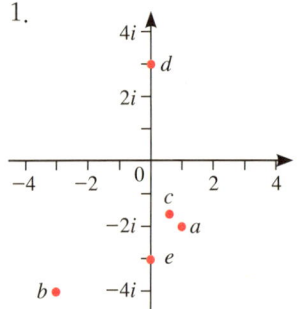

2. $a_1 = 1 + 2i$, $a_2 = -1 + 2i$, $a_3 = 2 - 2i$, $a_4 = -2 + i$, $a_5 = 1 - 2i$

166쪽

1.

(1) $\dfrac{-1 \pm \sqrt{3}\,i}{2}$

(2) $\dfrac{-3 \pm \sqrt{7}\,i}{4}$

(3) $1,\ -3$

(4) $-5 \pm 12i$

(5) $-3 \pm 4i$

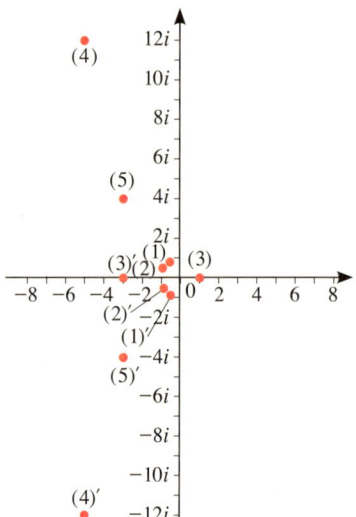

1.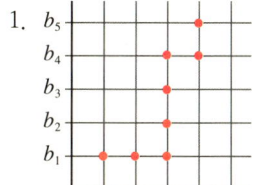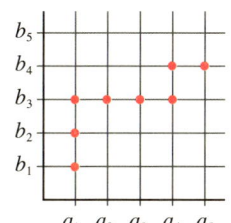

2.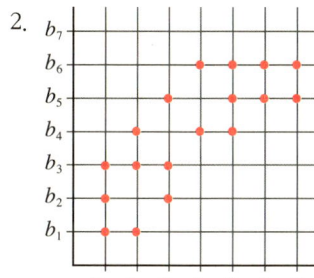

3.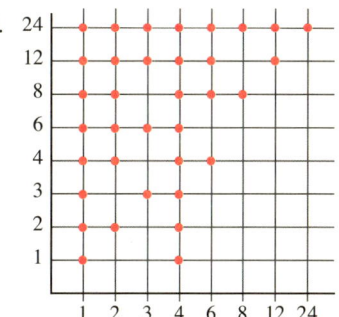

4.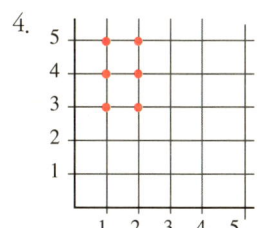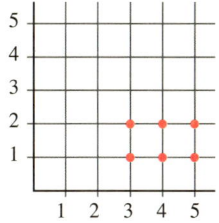